生命之舟
漂移的板块

冯伟民 著

译林出版社

图书在版编目（CIP）数据

生命之舟 : 漂移的板块 / 冯伟民著. -- 南京 : 译林出版社, 2024. 11. -- (蓝色星球). -- ISBN 978-7-5753-0299-9

Ⅰ. P541-49

中国国家版本馆 CIP 数据核字第 2024CX8034 号

生命之舟：漂移的板块　　冯伟民 / 著

责任编辑　邹抒阳
装帧设计　南京锐凡设计有限公司
插　　图　李万钧　许菀秋　徐晓洁　朱玮玮
校　　对　王　敏
责任印制　单　莉

出版发行　译林出版社
地　　址　南京市湖南路 1 号 A 楼
邮　　箱　yilin@yilin.com
网　　址　www.yilin.com
市场热线　025-86633278
印　　刷　江苏凤凰通达印刷有限公司
开　　本　718 毫米 ×1000 毫米 1/16
印　　张　8
版　　次　2024 年 11 月第 1 版
印　　次　2024 年 11 月第 1 次印刷
书　　号　ISBN 978-7-5753-0299-9
定　　价　39.80 元

序 言

生命起源是地球演变的产物，生命进化又深刻影响地球演变。地球从无板块运动到板块运动，使海陆山川变化无穷，漂移不止，生命随之进化，或扩散，或迁徙，演变出千姿百态的生命现象。地球从无氧大气到有氧大气，使原核生命进化成真核生命，开启了一条通向现代的进化之路。地球从早期的高温高压气候环境，经过短暂冰期—长期暖期—短暂冰期—长期暖期的周期性变化不断演进，生命也随之发生灭绝—演化—辐射的周期性演变。

生物与环境的相互关联密切而充满奥秘，在主导因素的影响下，还有许多次级因素的影响，常常是牵一发而动全身，产生连锁反应。如同水势无常，只能顺势而行，因此，我们既要掌握地球演变与生命进化的一般性规律，也要关注彼此影响中所呈现的复杂现象。

当今地球仍处在第四纪大冰期阶段，南北两极覆盖有大冰盖。但人类现阶段却面临温室效应带来的挑战：极端气候事件频发，生物多样性下降，等等。因此，从地质历史长河中探究生物与环境彼此影响的现象与规律，乃是当今人类的一大课题。

地球气候历史是冷热交替的过程，冰期与间冰期相间。大多数时间是温室状态，少数时间是冰室状态。在这或冷或热的演变中，无论是温室效应还是冰室效应都对生物演化产生了深刻影响，促使不同生物类群在不同气候条件下产生了适应性进化，留下了各自的烙印。冰期未必使生物灭绝，也会同样推动生物进化；间冰期未必意味着生物必然呈现辐射，也会出现生物灭绝现象。气候变暖曾对生物多样性带来致命的摧残。这让我们感叹地球气候的无常和对生物演化的深刻影响。

地球大气从无氧变化为有氧，二者几乎各占一半时间。前寒武纪两次大氧化事件不仅改变了山川地貌，形成大量矿产资源，也深刻影响了生命进化。真核生命因为有氧环境的形成而诞生，并伴随大气含氧量的起伏变化而发生多次大辐射或大灭绝。在高氧环境下，生物一般呈现勃勃生机，但过高的含氧量也会使之走向反面。在低氧环境下生物进化往往走向低迷或灭绝。在不同地质时期的不同有氧环境下，生物呈现不同的面貌，古生代、中生代和新生代的生物具有明显的时代特色。尤其重要的是，当大陆有氧环境改善后，鱼类登陆，开拓出脊椎动物进化新途径。当今人类处于适合生存的有氧环境，我们有理由保护好这一片蓝天白云。

地球板块并非与生俱来，而是随着地球圈层结构的演变产生。板块运动的开启使地球成为太阳系内唯一充满生机和活力的星球。板块运动促使大陆增生，促进了有氧环境的形成，营造了宜居气候环境。板块运动极大地改变了地球面貌，它就像是一位伟大的雕塑家，不断地塑造地球的地质、地理、地貌，创造出令人震撼和畏惧的火山与地震，令人心旷神怡的海洋和湖泊，以及让人心生敬意的崇山峻岭和大江大川。斗转星移，海陆变迁，板块运动所营造的地球环境，在不同地质时期呈现着不同的自然面貌，滋生和繁衍了不同的生物群体。如果没有板块运动，没有氧气，没有冰期与间冰期的周期性变化，今天的地球将迥然不同。

科学家致力于探究生物进化与这些环境因素的关系，就是为了搞清自然演变和生命进化规律，为人类的生存发展提供借鉴与启迪。

这套致力于从板块、氧气和气候角度切入，聚焦生物与自然环境交互关系的丛书，为我们打开了一扇探索自然演变规律和生命进化真谛的窗户。

目前，国家大力倡导提高全民科学素养，那么就需要学会辩证地看待事物。大自然的演变就是一部最好的史书，懂得进化，方知天地万物如何而来；理解地球与生命的关联性，才会更加珍惜地球家园。因此，了解地球演变与生命进化是获取科学世界观的重要途径，是每个青少年的必修课。

中国科学院院士、火山与第四纪地质学家

刘嘉麒

目录

引　言

人类在目前探索能及的范围内，发现其他星球都是一片死寂，唯独我们的地球生机勃勃、欣欣向荣。地球为什么如此与众不同？什么机缘巧合，使它能够孕育出多姿多彩的生命？科学家们一直在孜孜不倦地寻找这个问题的答案。

19 世纪以来，随着达尔文进化论的提出和古生物学方面的大量发现，人们对地球生命的诞生、生态系统的产生和演变有了比较深入的了解。但这还远远不是全部真相。

直到 20 世纪 60 年代，人类科技的巨大进步，使人们的目光投向了大陆和大洋之下的岩石圈。伴随一系列重大地质现象的发现，更加令人吃惊的事实才逐渐显现出来。

我们脚下的地球并不是一个死寂呆板的球体，它是“活动”的，从诞生的那一刻直到现在，内部都在一刻不停地运动。岩石圈物质和大气、水一样，进行着周而复始的循环。

岩石圈并非整体一块，而是分裂成许多块，这些大块岩石被称为板块。我们就居住在上面。板块构造学说认为，板块在地球表面极其缓慢地漂移，每年移动几厘米。这种移动看起来对地球上的生命似乎没有什么明显的影响，但其实是极为重要的生命驱动力。

板块运动使生物界发生了翻天覆地的变化，促使生物从简单走向复杂，演化出难以计数的种类。生物演化史上一系列重大演化事件，如多细胞生物大发展、生物登陆、生物类群更替，乃至人类诞生，都与板块运动有着千丝万缕的联系。板块运动使自然环境与生物界有了紧密的关联，千变万化的大自然为生物提供了大量的资源，创造了无数的生境。

你知道吗？板块运动并非地球一诞生就发生的，它既是机缘巧合，也是长时间演化的结果。板块之舟载着包括人类在内的地球生命一直在持续地漂移。

那么，岩石圈物质为什么会循环，板块又为什么会聚合、离散呢？是一只怎样的“巨手”推着如此庞大的板块移动？板块运动是怎样影响着地球生物圈乃至当今的人类？

几个世纪以来，特别是从 20 世纪 60 年代开始，地质学家们进行了艰苦卓绝的探索，有了革命性的重大发现，刷新了人类对地球的认知。

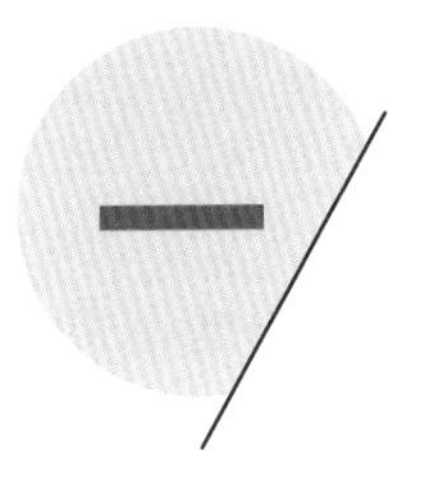

20 世纪最伟大的地质学发现

一百多年前，德国气象学家、地球物理学家魏格纳提出大陆漂移学说，震惊了学术界。人们第一次将疑惑的目光投向了脚底下的岩石。如此坚实的大陆真的在移动吗？后来，随着古气候、古生物、古矿物和其他地质学证据的不断积累，特别是海底扩张理论的提出和全球板块构造学说的建立，一场地质学的革命使人类对于地球的认知越来越接近真相。

发现大陆漂移

发现大陆漂移，无疑是人类认知地球的巨大进步。它让我们对深入探究地球内部奥秘有了正确的方向。

1 睿智者的发现

15 世纪，哥伦布的舰队抵达美洲大陆。这不仅对世界历史产生了重大影响，也迈出了认识地球海陆分布的重要一步。16 世纪，麦哲伦环球航行证实地球是个球体，人类对世界的认识更加全面了。热那亚加拉塔海洋博物馆收藏了一幅绘制于 1570 年的古地图《地球大观》，它已经初步勾勒了地球海陆分布的大致格局，这对后人通过地图认识地球产生了重要影响。

1620 年，英国哲学家弗朗西斯·培根就注意到南美洲东海岸与非洲西海岸轮廓大致吻合的现象，并提出了南、北美洲与欧洲、非洲曾经可能是连接在一起的。后来，又有一些欧洲的地质学家注意到南半球各大陆上的地层、构造相当一致，因此推断它们在远古时代曾是一个统一的大陆，并将它命名为“冈瓦纳古陆”。

1889 年，美国地质学家达顿提出了地层物质分布平衡理论，认为大陆下面岩石密度比海洋下面岩石密度小，所以大陆可以像冰山浮在海上一样浮在海洋地壳上。这一理论是通向大陆漂移说的重要桥梁。

真正引起世人关注的，是德国年轻的天文气象学家阿尔弗雷德·魏格纳在 1915 年出版的专著《海陆的起源》。他在这本书里首次正式提出了“大陆漂移说”，一举轰动了世界。如同达尔文参加环球考察奠定了进化论那样，魏格纳多次参与极地探险，因此受到启发，提出了大陆漂移学说。1906 年，魏格纳加入了丹麦探险队，来到了位于北极圈内的格陵兰岛。在调查过程中，他惊讶地发现，这个岛的地层下面竟然还有煤层！要知道，该岛位于北极圈内，没有高大的树木，不可能形成煤层。如果说历史上这里曾发生过气候巨变，似乎又让人难以置信。

这是怎么回事？他还发现，那些冻得比石头还坚硬的巨大冰山，居然会缓慢地移动。那么，这整个岛，会不会像冰山一样，也会缓慢移动，难道它是从别的地方漂来的？

魏格纳探险归来之后，继续钻研他在格陵兰岛上探险时遇到的那些问题。1910 年的一天，他偶然翻阅世界地图时，发现一个奇特的现象：大西洋的两岸——欧洲、非洲的西海岸，和与其遥遥相对的北美洲、南美洲的东海岸，轮廓互相呼应，这边大陆的凸出部分正好能和另一边大陆的凹进部分拼凑起来；如果从地图上把这两块大陆剪下来，再拼在一起，就能拼成一个大致上吻合的整体。

联想到他在格陵兰岛上的发现，魏格纳认为，这表明大陆不是固定不变的，而是会在大洋底层上漂移。1912 年 1 月 6 日，在法兰克福的一次地质学会议上，魏格纳做了一次惊世骇俗的演讲，题为《大陆与海洋的起源》，首次公开提出了大陆漂移说。他认为，在距今约 3 亿年前的古生代，地球上只有一个大陆，他把它叫作泛大陆。构成大陆的岩石与组成洋底的岩石不同，前者轻，以硅铝为主，称为硅铝层；后者重，以硅镁为主，称为硅镁层。硅铝质的泛大陆，就像冰漂浮在水面上一样漂浮在硅镁质的洋底上。某个时刻，泛大陆发生了分裂，巨大的岩石板块开启了各自漂移的旅程。

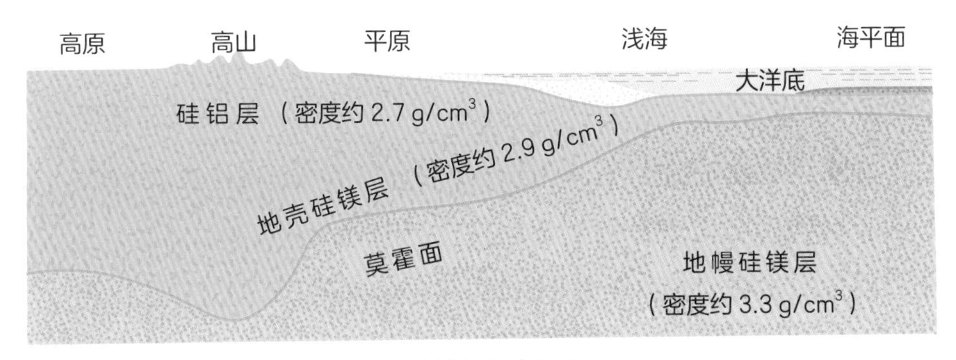

硅镁层与硅铝层

后来，魏格纳在综合研究的基础上，对大陆漂移问题进行系统和详尽的阐述，最终写下了他的不朽著作——《海陆的起源》。这本书一出版就被翻译成英、俄、日、法等多种版本，大陆漂移说从此风靡全球。一些有远见的学者认识到了这一学说的伟大意义。他们认为，这个理论一经证实，它在人类认知上引起的震动堪与哥白尼学说引起的天文学革命相比拟。

随着对大自然越来越深入的探索，人们发现来自许多领域的证据，都能够支持大陆漂移说，比如海岸线形态、地质构造、古气候和古生物地理分布等。例如，大西洋两岸的海岸线是相互对应的，把南美洲跟非洲的轮廓比较一下，可以清楚地看出这一点：大西洋南部巴西的凸出部分，正好可以嵌入非洲西海岸几内亚湾的凹进部分。两岸在地层、岩石等地质构造上也遥相呼应。例如北美纽芬兰一带的褶皱山系与欧洲西北部斯堪的纳维亚半岛的褶皱山系相对应，都属早古生代造山带；非洲南端和南美阿根廷南部晚古生代的地层构造方向、岩石层的排序以及所含有的化石相一致。

在佐证大陆漂移学说的诸多证据中，来自古生物化石的发现无疑非常有说服力。相邻的大陆，特别是大西洋两岸的古生物群往往具有亲缘关系。如巴西和南非石炭－二叠系的地层中均含一种生活在淡水或微咸水中的爬行类——中龙的化石，而迄今为止世界上其他地区都未曾发现它们的踪迹。又如三叠纪陆生的似哺乳爬行动物水龙兽化石出现在南半球各大陆。主要生长于寒冷气候条件下的舌羊齿植物化石广泛分布于非洲、南美洲、大洋洲、南极洲等诸大陆的石炭－二叠系地层中，而这些大陆所在的气候带却不相同。科学家在南大西洋两岸还发现了同样的或十分相似的蛇化石。显然，假如二叠纪、三叠纪时海洋和大陆分布是今天这样的格局，那么，这些没有漂洋过海本领的动植物是不可能如此分布的。因此，一个合理的解释应该是，当时各大陆是联合在一起的，这些生物群在这片大陆上可以自由迁移并广泛分布。

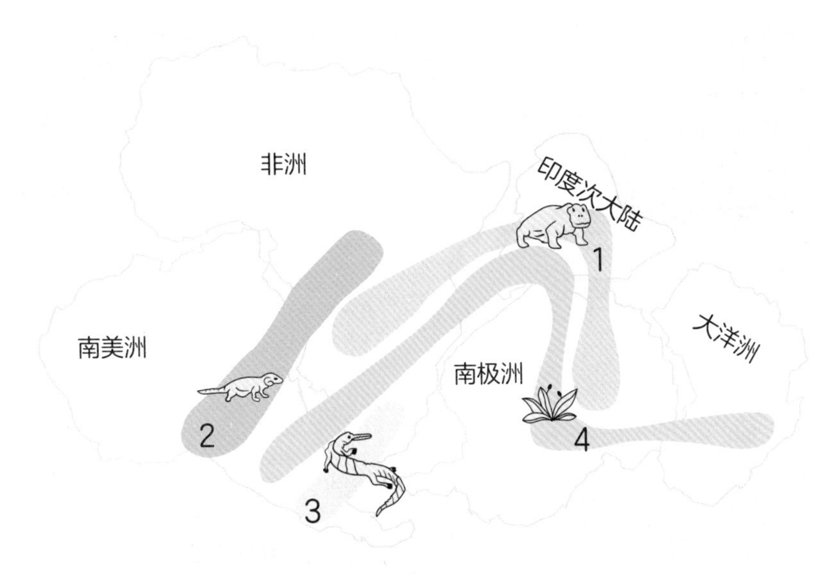

1. 三叠纪陆生爬行类化石水龙兽 2. 三叠纪约 3 米长的陆生爬行类化石

3. 淡水爬行动物化石 4. 在所有南半球大陆发现植物舌羊齿

各大陆生物分布示意

南大西洋两岸恐龙化石具一致性，说明晚古生代—早中生代期间非洲与南美大陆是相连的。另外，在石炭纪—二叠纪时期，南美洲、非洲中部和南部都发生过广泛的冰川作用。这些地区除南美洲南部和南极洲外，目前都处于热带或温带地区。与此同时，在北半球除印度以外的广大地区并未找到确切的晚古生代冰川遗迹，相反却见到许多生活在暖热气候带的生物化石。这表明上述出现古冰川的各大陆在当时曾经相连，为一个统一的大陆。

大陆漂移说可以归纳为一种“活动论”，它的提出挑战了学术界长期占主导地位的“固定论”，为板块构造学的建立和发展奠定了基础，对地球科学的发展起了很大的推动作用。

2 沉寂中的盼望

魏格纳提出大陆漂移学说，在学术界掀起了轩然大波。尽管大陆漂移说合理地解释了许多古生物、古气候、地层和构造等方面的事实，但当时相信这一学说的人仍然寥寥无几。大家认为，地球坚硬的表面不可能发生如此大规模的水平运动。在当时，以垂直运动为主的固定论仍是地学界的主流。

这是为什么呢？原因主要有两个方面：

第一，谁也无法亲眼见到大陆以人类能感知的速度漂移，这个学说缺乏具有说服力的直接证据。魏格纳一生都在试图用测量手段证明大陆漂移，但在 20 世纪初期，精确的大地测量还属于科学幻想，要说服人们相信大陆每年都在漂移，无异于痴人说梦。现在我们通过先进的卫星技术测定出，板块的移动每年以厘米计算，而魏格纳给出的估算数值实在是太大了——他认为格陵兰岛每年漂移的速度在 1 米左右，这让人们很难相信他的观点。

第二，“大陆漂移”缺乏动力学的支持。魏格纳认为，较轻的硅铝层漂浮在较重的熔融状硅镁层上运动。同样的，限于当时的认识水平和科学手段，尤其是缺乏占地表 71% 的海洋底的地质资料，大陆漂移的理论无法被证明。即使这种运动真的发生，那么导致它发生的动力机制是什么？是什么推着板块在移动？魏格纳也未能给出一个合理的解释。

因此，魏格纳穷尽毕生的精力也没能说服人们相信他的大陆漂移学说。1930 年 11 月，也就是他 50 岁时，他在试图穿越格陵兰岛时失踪了。8 个月后，人们找到了魏格纳的尸体。在魏格纳去世后，直至第二次世界大战（以下简称“二战”）结束前，大陆漂移理论再也没有引起学术界的关注，完全沉寂了下来。

直到 20 世纪 50 年代，地磁学研究的进展使大陆漂移说重新得到了重视。20 世纪 60 年代，海底扩张和板块构造学说的创立再次赋予了大陆漂移说以新的生命。如果魏格纳能够活到那时候，他一定会感到惊异和欣慰。人们不仅不再用嘲讽的态度看待大陆漂移说，而且彻底相信地壳就是水平运动的。从“大陆漂移说”20 世纪初被冷落甚至是被奚落，到“板块构造说”在 20 世纪中后期成为地学主流，这几十年来地学领域发生的翻天覆地的变化，被人们称为“地学革命”。

魏格纳长眠于北极的冰天雪地之中，他所倡导的大陆漂移学说，已经有了科学的解释，并与后来科学界提出的“海底扩张说”“板块构造说”一起，构成了名副其实的现代地质学革命的三部曲。

海底是扩张的

20 世纪 40 年代后，各国出于军事和海底资源开发的需要，开展了大规模海底地质调查，各种地球物理技术被广泛应用于海洋地质研究。由此，人类首次透过厚厚的海水，在海底发现和确认了许多令人惊奇的全球规模的地质现象，这为海底扩张说的产生、发展提供了主要依据。

1 海底扩张学说的提出

赫斯船长的故事

让我们回到 20 世纪 40 年代。在“二战”之前，赫斯船长还是美国普林斯顿大学的一位老师。随着“二战”的爆发，他成了海军军舰上的一名军官。出于对专业的爱好，无论军舰行驶到哪里，他都将海洋声呐系统开着，不停地勘测海底的地形变化。

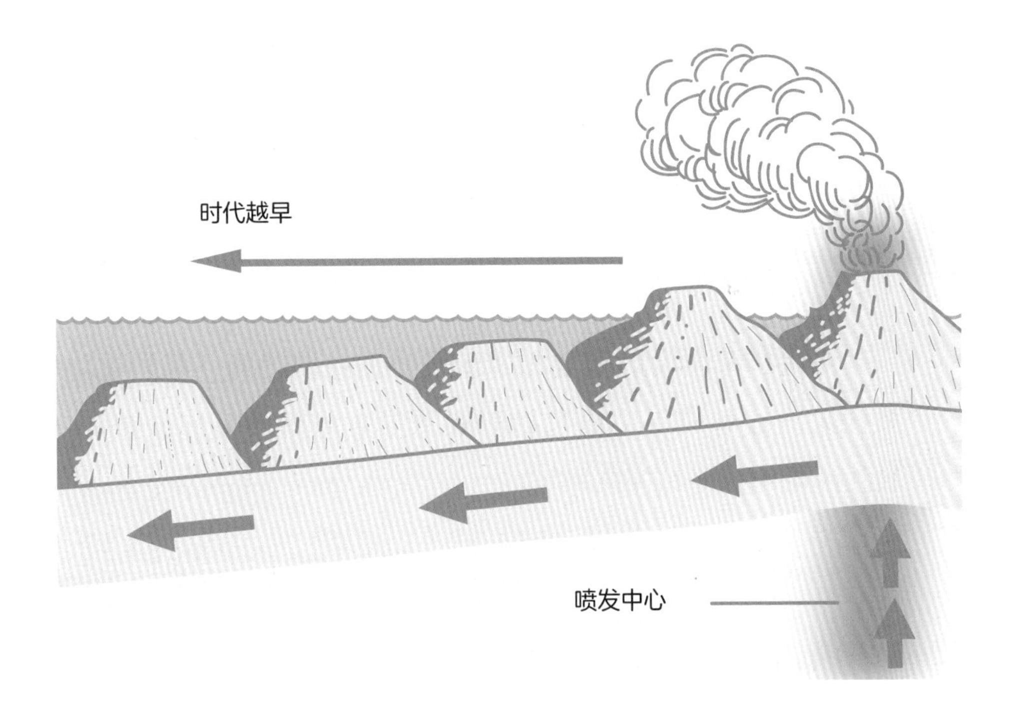

海底的平顶山

经过多次在太平洋上的往返，他发现了一个非常有意思的现象：海底有一系列的山。这些山形态分布很有规律：靠近洋中脊的地方很高，随着远离中脊，它会变得越来越矮，而且山顶都变成了平顶。

依据观察和大量的后继研究，赫斯大胆地猜想，海底是扩张的。他认为岩浆可以从大洋中冒出来，然后在地表冷却形成洋壳；随着新的岩浆冒出，形成新的洋壳，挤走旧的洋壳，洋壳就像传送带一样，不停地向两侧传输，山就“坐”在这些洋壳上被运输走；山顶经过海浪剥蚀变成了平顶山，然后淹没到了海底下面。这是海底扩张学说的雏形。

20 世纪 60 年代初期，古地磁学有了新的进展，海底钻探成果斐然，人们发现了大洋中脊的转换断层。美国科学家 R.S. 迪茨于 1961 年提出海底扩张学说，这个学说能解释大陆和洋盆的演化。

海底扩张学说的建立归功于大洋钻探取得的一系列重要成果。这些成果主要包括海底磁异常条带的对称分布、转换断层和深海钻探成果等。

第一个证据——海底磁异常条带

20 世纪 60 年代，古地磁的研究成果唤醒了人们对大陆漂移说的记忆，强有力地支持了大陆漂移说，成为海底扩张最有力的证据之一。

地球磁场早在生命诞生那个时期可能就已形成，迄今已经存在近 40 亿年了。地磁场会在岩石形成的刹那，把岩石中的铁磁性物质磁化。例如，火成岩即火山喷发时喷出的岩浆在冷却过程中就会被当时的地磁场磁化。这一部分磁场在岩石中保留到现在，被称作天然剩磁。采集合适的岩石标本，用放射性方法测出其地质年龄，再用微磁力仪测出剩磁的大小、方向，我们就可以知道当时的地磁场。这种研究地磁场的科学就是古地磁学。

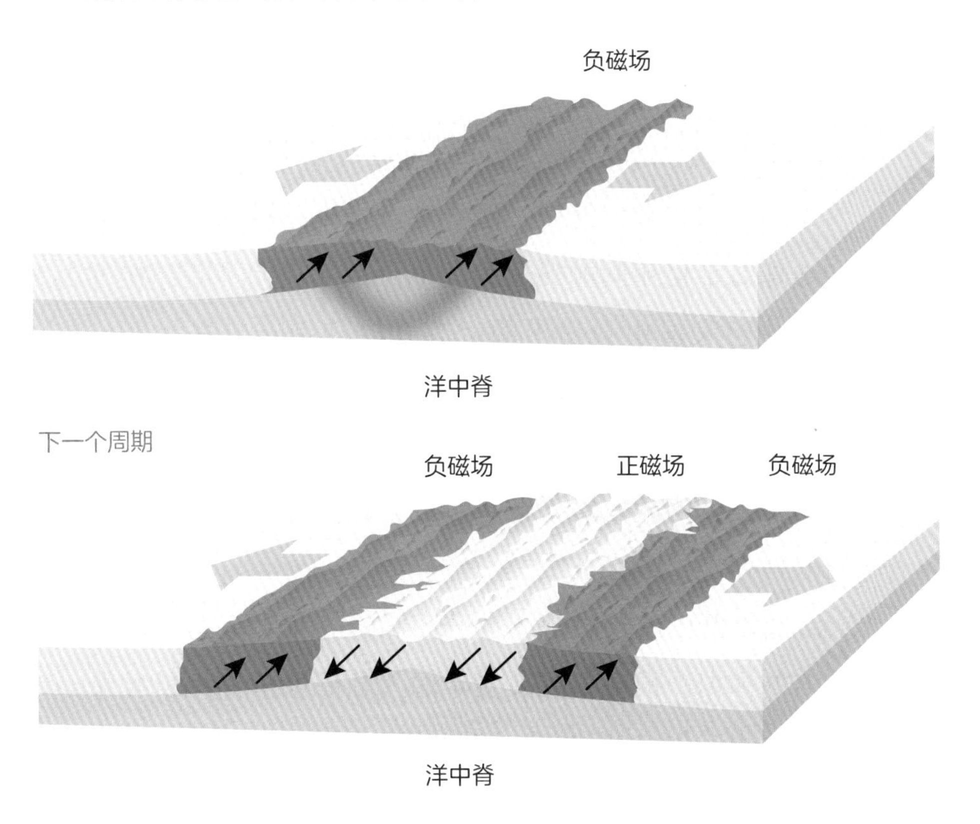

海底磁异常条带的形成模式

地球磁极有周期性倒转的规律。1963 年，科学家利用这个现象，对印度洋卡尔斯伯格中脊和北大西洋中脊的岩石做了分析。大洋中脊是大洋地壳里岩浆涌出形成的海底山脉，它绵延于世界四大洋的海底，成因相同，特征相似，是地球上最长、最宽的环球性海底山系，总长度超过 6 万公里。他们发现洋中脊附近的岩石中，磁场分布十分有规律。它们的磁场呈正负相间的条带状——一大条正磁岩石带紧接着一大条负磁岩石带，然后又是一大条正磁岩石带，这些条带与中脊的延伸方向平行，并以中脊为轴，在两侧对称铺开，这就是海底磁异常条带。单个磁异常条带宽约数千米到数十千米，纵向上延伸数百千米而不受地形影响。

为什么岩石中的磁场会如此有规律地分布？

经测定，科学家发现，磁异常条带中，磁场的正负顺序和地球几十亿年间的磁反转周期一致。他们推断，在古老岁月中，大洋中脊涌出的岩浆在冷却为玄武岩的那一刻，被当时的地球磁场磁化，记录下了当时的地磁场方向。这就证明了洋底是从大洋中脊向外扩展而成。后来人们发现，全球的海底磁异常条带的磁极顺序都是有相同规律的，具有可对比性。

洋底岩石中磁场的规律性分布为地壳水平运动提供了强有力的证据，推动了沉寂多年的大陆漂移学说的复活和板块大地构造学说的建立。这方面的成果引起了地质学家的极大重视，也促使更多的科学家去研究古地磁学。

知识拓展

什么是地磁场？

地磁场是指地球内部产生的天然磁性现象。地球可视为一个磁体，具有两极，其中一极位于地理北极附近，另一极位于地理南极附近。

什么是地磁场极性的周期性倒转？

地磁倒转即地磁场倒转，亦称地磁反转。指地球磁场的方向发生 180° 改变，也就是地磁两极的极性发生的倒转现象。1906 年，法国地球物理学家伯纳德·布容首次发现，法国熔岩的磁化方向与当前地磁场的方向相反，推测地磁场可能发生过逆转。根据古地磁的研究，在地磁场形成之后的漫长地质年代里，每隔 10 ~100 万年便会发生一次完全的地磁南北极倒转，周期不固定。仅在过去的 8300 万年中，地磁场就倒转了 183 次，在整个地质历史时期，地磁场更是倒转了上万次。

为什么地磁会倒转？

科学家们普遍认为，造成地磁倒转的原因，是液态地核里的环流物质运动的速度和方向发生了变化。液态地核起初朝着某个方向作旋涡运动，越来越快，然后越来越慢，直至形成短时间的停顿；此后又朝着另一个方向作旋涡运动，越来越快，再越来越慢，再停顿；然后恢复原来的方向，由此造成地磁倒转。

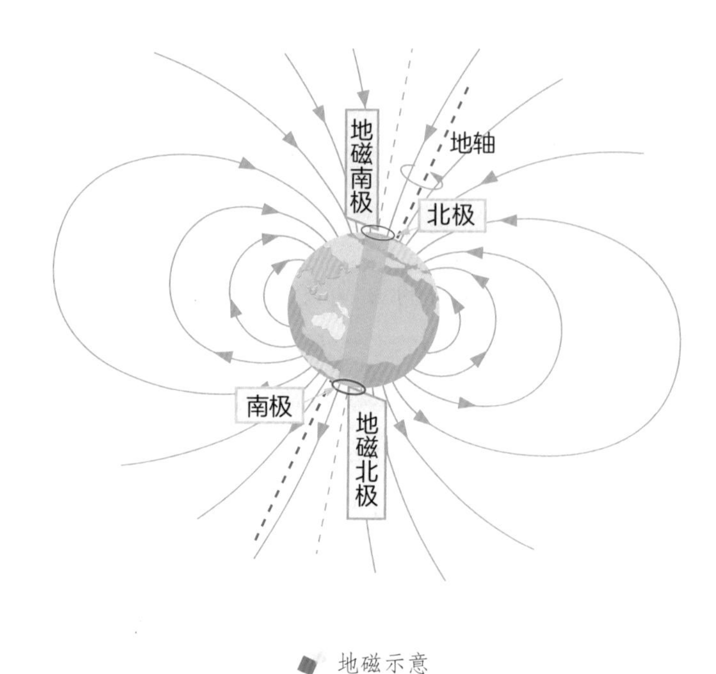

地磁示意

又一个证据——转换断层

1965 年，加拿大著名地质学家 J.T. 威尔逊提出了转换断层的概念。

如果来到洋底看看，大洋中脊并不是完整的，有的地方被整齐地切断了，两端左右错开，错开的距离可达数百至一千多千米，这样的构造就叫转换断层。

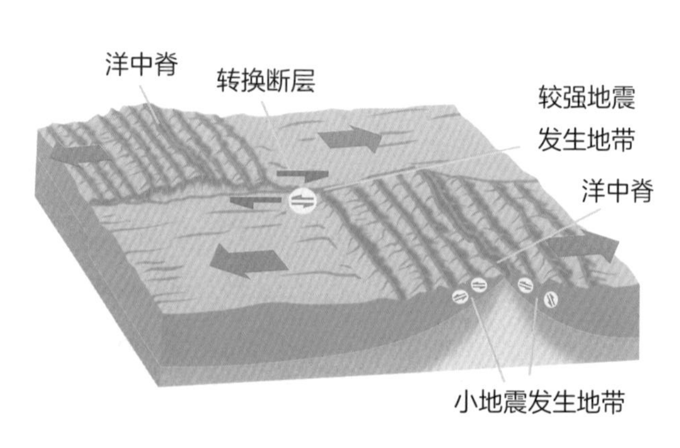

转换断层示意

转换断层是一

系列垂直于大洋中脊的横向断裂层，它们切割大洋中脊，也切断了洋底的重力异常带和磁异常条带，还使两侧洋底有很大的高差。

转换断层产生的原因是大洋中脊向两侧扩张的力量不均衡，这里的移动距离大，那里的移动距离小，就互相错开了。现代海洋地质调查表明，较强地震活动几乎都集中在被错开的洋脊之间的转换断层上。

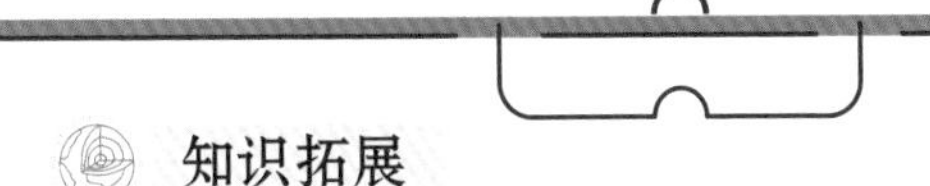

知识拓展

什么是重力异常？

由于地球内部的物质密度分布非常不均匀，因而实际测量的重力值与理论上的正常重力值总是存在着偏差，这种由于物质密度分布不均而引起的重力变化，就称为重力异常。

大陆地壳十分古老，已经有 40 多亿年的年龄；但洋壳处于不断更新、扩张之中，并在靠近大陆的海沟中俯冲淹没进地层深处，所以它相对于大陆地壳而言十分年轻，不老于 2 亿年前的侏罗纪。科学家测算结果表明，太平洋的扩张速率为每年 5 ~ 7 厘米，大西洋为 1 ~ 2 厘米。

转换断层是由洋中脊的海底扩张引起的，转换断层的错动方向也就是海底扩张的方向，所以转换断层的发现和验证，为海底扩张说提供了又一个有力的依据，并为证实板块构造学奠定了重要的理论基础。

寻找更直观的证据——钻透洋底看一看

一系列研究成果为大陆漂移学说的复活提供了强大证据，而且，大大提升了科学界的信心。人们想亲眼看看大洋底部有什么奥秘，便开始利用更多的科学手段来研究洋底。人类虽然已经在地球上存在了数百万年，但对这颗星球洋底的认知却几乎是完全空白。

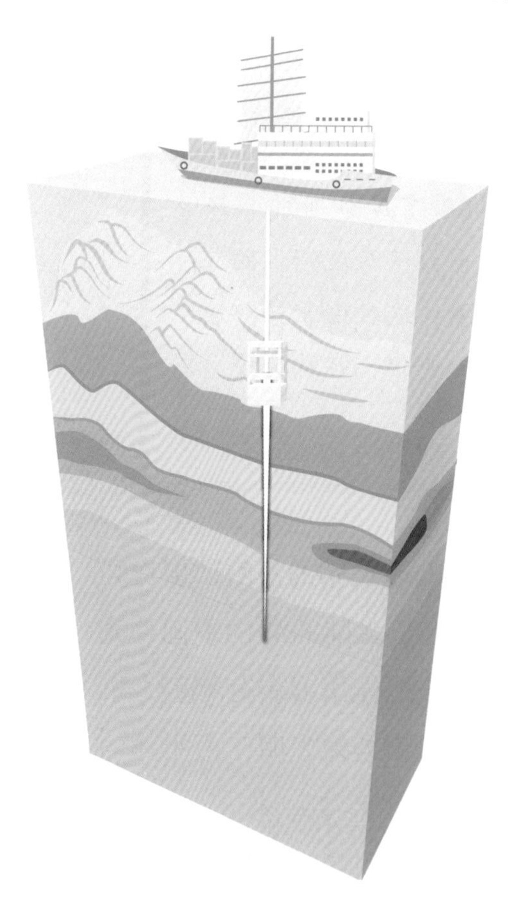

海洋钻探

1957年，美国科学家W.H.蒙克和H.H.赫斯（就是前文提到的赫斯船长）提议用深海钻孔的技术打穿莫霍面（地幔与地壳的分界面），研究地幔物质的成分，这就是“莫霍计划”。1961年，这个计划开始实施。最初，他们在美国加利福尼亚湾外试钻，接着在墨西哥西岸外钻探到了玄武岩。莫霍计划后来虽因多种原因没有继续下去，但为深海钻探积累了经验。

1968 年，国际大洋钻探计划正式启动。这是由全球 20 多个国家参与合作的国际研究计划。半个多世纪以来，在全球各大洋钻井 4000 多口、取芯（即对地层进行岩石取样）超过 49 万米，所取得的研究成果证实了海底扩张等理论，揭示了深海极端生命和资源的奥秘，从根本上改变了人类对地球的认识。

这一年 8 月，美国地球深层取样联合海洋机构派出“格洛玛·挑战者”号首航墨西哥，开始深海钻探，揭开了现代人类科学技术史上光辉灿烂的一页。它为建立全新的地球演化模式和新地球观的形成奠定了基础，极大地改变了人类对自己所居住的地球家园的认识。

大洋钻探分为三步，到目前为止，人类已经经历了深海钻探计划（DSDP）、大洋钻探计划（ODP）、综合大洋钻探计划（IODP）三个重要的发展阶段。

在“格洛玛·挑战者”号之后，履行大洋钻探任务的是美国的排水量达 1.9 万吨的“乔迪斯·决心”号科考船。该船在 18 年内历经 110 个航次，在 603 个站位打钻 1577 孔，获得钻心 191 千米，最深打钻深度逾 6 千米，获得的最长钻心为 2111 米。大洋钻探计划将科学探索的空间扩大到新的广度和深度，人类第一次真正搞明白海洋中的水圈、岩石圈、生物圈等圈层是如何相互作用的，以及这反映出的地球物质、生态系统的演化过程。

本世纪，科学界又启动了综合大洋钻探计划。日本海洋科学和技术中心提供了崭新的，配有新型钻探装置的，排水量高达 60000 吨的“地球”号科考船。为了适应覆冰水域和不同水深范围的钻探需求，欧盟也提供破冰船和其他满足特殊任务需要的钻探平台。新技术和多类钻探平台的采用，使得科学家能在过去无法到达的环境和深度下进行科学实验和采集样品。这次钻探主要研究深部生物圈和海洋环境的变化过程和影响，还有固体地球循环和地球动力学，它们都取得了丰硕成果。

我国加入国际大洋钻探计划是在 1998 年。1999 年，我国科学家自主设计和主持了第一个南海大洋钻探航次，实现南海深海钻探零的突破。2014 年到 2018 年，我国又相继完成 3 个钻探航次，探索南海成因，使南海成为大洋钻探研究程度最高的边缘海。

2023 年 12 月 27 日，我国自主设计建造的首艘大洋钻探船“梦想”号顺利完成首次试航。我国有望从参与者的角色转变为主导者，从而在国际大洋钻探中发挥更重要的作用。目前中国综合大洋钻探计划正在发起新一轮国际大洋钻探，倡导“以我为主”，自主组织大洋钻探航次，在上海临港建设并运行国际大洋钻探岩芯实验室，联合国际科研力量，共

“梦想”号大洋钻探船

同引领新一轮国际钻探。

在深海区域打钻探索地球内部是科研发展的趋势。对宇宙的探索往往会引起人们极大的兴趣和关注，其实，对大洋深处的探索也同样意义非凡。我们已知大陆地壳的平均厚度有 30 千米左右，大洋地壳的平均厚度只有 7 千米左右。所以，可以说深海底是距离地球内部最近的地表。尤其是洋中脊和俯冲带深海沟，这是地球内部和表层交换物质和能量的通道，也是人类探测地球内部的最佳切入点。

深海海底钻探结果表明，深海沉积物由洋脊向两侧，从无到有，从薄到厚，沉积层由少到多，越远离洋脊，沉积物的年龄越来越老，并且与海底磁异常条带所预测的年龄十分吻合。深海钻探所采得的最老沉积物的年龄不老于

知识拓展

什么是深部生物圈?

在深海钻探计划和大洋钻探计划的实施过程中，科学家发现在数千米深的海底下面、数百米深的地层下面的极端条件下，仍存在大量微生物活动的迹象，据估计，其生物量相当于全球地表生物总量的 1/10。深部生物圈的发现，大大拓宽了“生物圈”的分布范围。深部生物圈的原核生物依靠地层里的有机物生活。

1.7亿年（晚侏罗世）。这说明，海底确实是以大洋中脊为起点不断更新的，所以离开洋中脊越远的海底沉积物越古老。而最古老的洋底，也不过才诞生了不到2亿年，因为更古老的海洋沉积物沿俯冲带沉没于地幔中。因此深海海底钻探成果令人信服地证实了海底扩张学说。

此前，人类认知地球主要依靠对大陆地质学的研究，而20世纪下半叶以来，全球开展的大洋钻探计划使人类首次将目标聚焦于大洋。这项宏伟计划所取得的一系列新发现和新成果彻底颠覆了人类对地球的传统认识，展现了一幅前所未有的地球演化的壮丽景象。海底扩张学说和全球板块构造理论因此孕育而生，标志着现代地球科学的革命真正到来了。

深海钻探计划是人类历史上规模空前的向大洋索取地质记录的挑战，它验证了板块构造学说，为海底扩张学说提出最有说服力的地质证据；它还开创了古海洋学这一具有巨大发展潜力的新兴学科。可以说，它为地球科学的发展树立了历史性的丰碑。

海底扩张学说认为，地幔里就像煮着一锅岩浆粥一样，岩浆物质翻腾、对流，并形成高温上升流，在大洋中脊那里冒出来。大洋中脊就是地幔岩浆上升的出口，上升的灼热岩浆遇到冰冷的海水，就会冷却凝固成新的大洋地壳，并推动早先形成的洋底不断向外移动，在软流层的驱动下，就像传输带一样使整个海底从大洋中脊向两侧扩张。扩张的地壳来到靠近大陆的地方便被古老坚硬的岩石挡住，只好向下俯冲潜没，并重新融熔于地幔中，从而完成对老洋壳的更新，消长平衡。洋底地壳在 2～3 亿年间更新一次，因此，尽管海水古老，但洋底总是年轻的。另外，这个过程还在大陆周围形成了贝尼奥夫带（俯冲带）及海沟－岛弧。

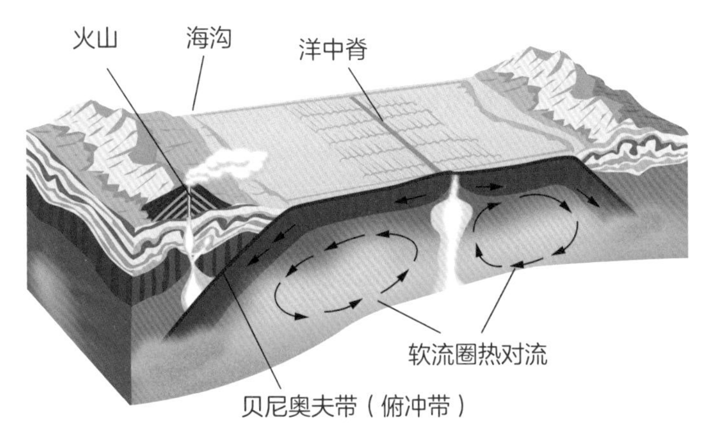

海底扩张示意

现在我们知道，海底扩张是刚性的岩石圈驮在岩浆构成的软流圈上运动的结果，运动的驱动力是地幔物质的热对流。如果地幔中煮的这锅“粥”在大陆下面往外冒，就会把大陆分裂，形成新的大洋。例如，将美洲大陆与欧洲、非洲大陆隔开的大西洋就是在大约距今 2 亿年前这样开始形成的。

这个学说在 20 世纪 60 年代提出，获得了科学界的热烈反响。J.T. 威尔逊和麦肯齐等很多科学家都对此学说进行了大量验证，最终采纳了它。他们结合了大陆漂移学说和海底扩张学说，建立了地球系统演化的板块构造学说。这是 20 世纪以来最重要的地学成就。

在大洋钻探不断取得进展的过程中，海底扩张的情况被研究得越来越清楚。科学家发现，海底扩张在不同的大洋有着不同的表现。

一种是扩张着的洋底把与其相邻接的大陆向两侧推开，海洋随着新洋底的不断生成向两侧拓宽，两侧大陆间的距离随之变大，这就是海底扩张说对当年魏格纳无法解释的大陆为什么会漂移做出的合理论断。大西洋及其两侧大陆就属于这种形式。

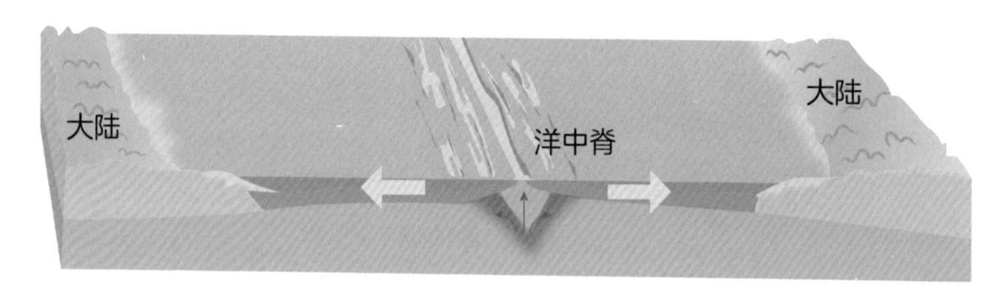

扩张着的洋底把与其相接的大陆向两侧推开

另一种海底扩张方式是洋底扩展移动到一定程度便向下俯冲潜没，重新回到地幔中去，相邻大陆逆掩于俯冲带上。洋底的俯冲作用形成了沟弧盆系，太平洋就是这种情况。这是因为太平洋板块与亚洲大陆之间有俯冲带，大洋板块重，大陆板块轻，所以大洋板块沿着俯冲带沉没到地下深处，进入地幔，开始地幔的新一轮循环。洋底不断

今大西洋两侧 2 亿年前的状况

地新生、扩展和潜没，好似一条永不止息的传送带，大约经过 2 亿年，洋底便可更新一遍。

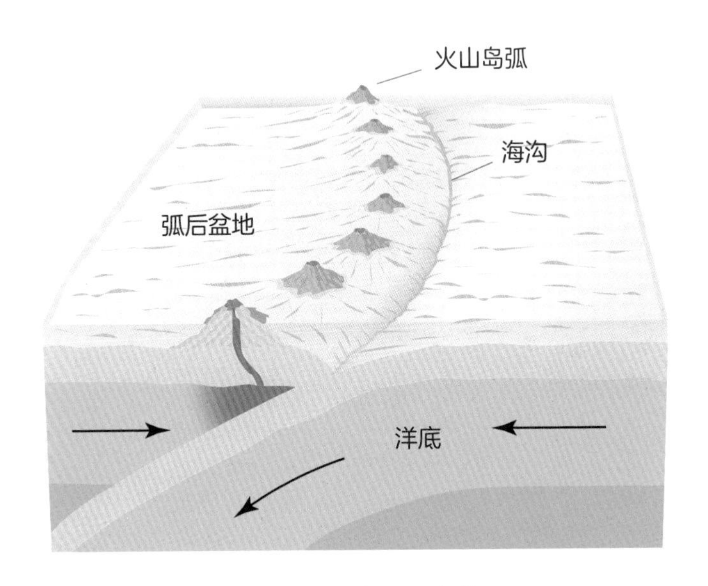

洋底向大陆板块下方潜没

知识拓展

什么是沟弧盆系？

沟弧盆系是板块构造中，海沟－岛弧－弧后盆地体系的简称。大洋板块向大陆板块俯冲，形成了海沟、岛弧和弧后盆地等具有生成联系的地貌体系。这是全球最宏伟壮观、延伸最长和最活跃的区域构造地貌体系。

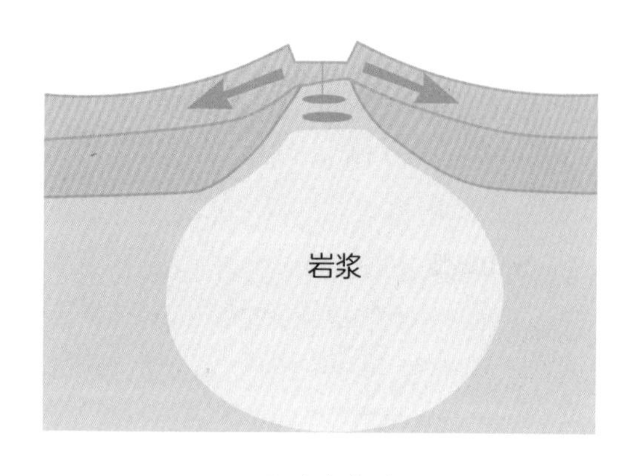

富岩浆型

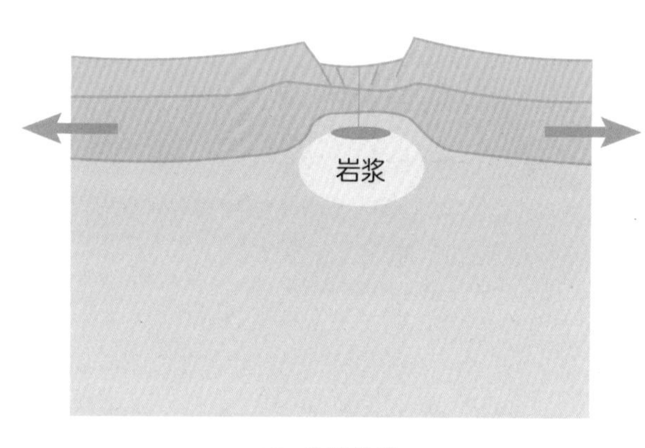

贫岩浆型

科学家们还通过大洋钻探证实了大陆是怎么漂移的。我们知道，洋壳的主要成分是玄武岩；而洋壳的周围是陆壳，陆壳的主要成分是花岗岩，它们是完全不同的物质。所以要大陆发生破裂形成孕育大洋的洋盆，两个大陆之间必须完全断离，才会有新的岩浆冒出来，形成新的洋盆。那么这样一个过程是怎么完成的？

科学家们沿着大西洋边缘，在 8 个地方开展钻探，根据钻探的结果，他们推断出了两种模式。一个是富岩浆型，也叫火山型。在属于这种模式的地方，地下有大量的岩浆，岩浆在大陆伸展的过程中会自己上涌，从而把两侧之间的联系完全熔断，导致两个大陆发生漂移。

还有一种是贫岩浆型，也叫非火山型。非火山型模式是指在两块陆地之间，岩浆特别少，以至于拉张到后来，地幔都露在了陆和洋之间，直到软流圈向地表运输了足够多的岩浆才开始熔断两侧之间的联系，出现洋盆。

2 大洋钻探中其他重大发现

每次大洋钻探都有很明确的科学目标，主题涵盖了各个方面，包括气候变化、深部生物圈、行星地质，还有地球的灾害系统。每个航程的研究都产生了非常多的影响深远的成果。除了验证海底扩张，建立全球板块构造运动外，还有两个影响很大的重大发现 。

第一个重大发现是 2004 年，人类第一次在北极圈范围内进行了大洋钻探。钻探发现，大概在 5000 万年前，北冰洋还是一个超级大的淡水湖，这个淡水湖的湖底沉积物含有极为丰富的藻类，是今天油气的重要来源。经过初步计算，科学家发现，北冰洋下面含有的油气很可能占到地球上人类尚未开发的油气资源的 1/4。

北极钻探

第二个重大发现是2016年，科学家们对位于墨西哥湾的一个陨石坑进行了钻探。通过钻探，科学家们发现这个陨石坑大概是在6600万年前白垩纪末的时候，由一颗直径大约10千米的小行星撞击造成的。这次撞击是如此剧烈，以至于撞击过程中向全球喷洒了大概3000多亿吨的硫和4000多亿吨的二氧化碳，铺天盖地的硫和二氧化碳导致阳光没有办法到达地球表面，从而导致了一次大规模生物灭绝，我们熟知的恐龙就是在这个时期灭绝的。

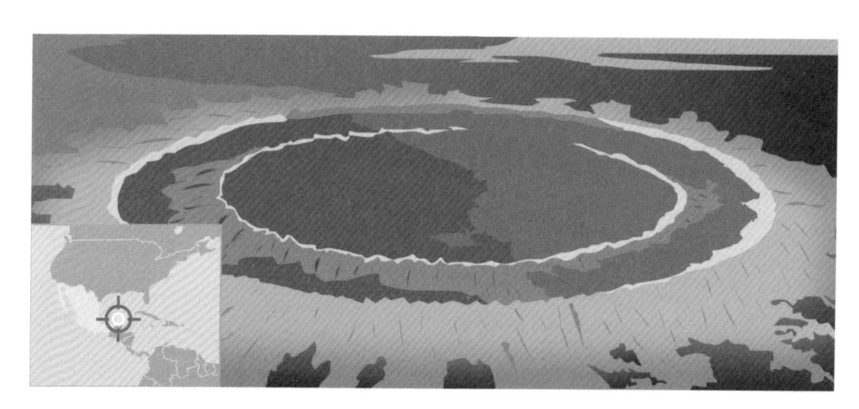

墨西哥湾的陨石坑

推动板块的那只“手”

有了大陆漂移和海底扩张假说，全球板块构造运动理论越来越完善，这使得人类对于地球形成与演化的认知越来越接近真相。

1 查明板块驱动力

岩石圈板块至少已经水平漂移32亿年了。究竟是什么样的“手”在推动板块周而复始地移动？这只“手”要具备巨大的力量才能推动庞大无比的岩石圈板块，它的动力来自哪里呢？

科学家认为，上地幔软流层的对流是岩石圈板块运动的动力来源。

岩石圈实际上是被它下部底层流动的软流圈驮着一起运动的，就像传送带运送上面的物品一样，流淌的岩浆带动上面岩石圈板块发生大规模运动，你可以想象成巧克力浆上躺着饼干。这

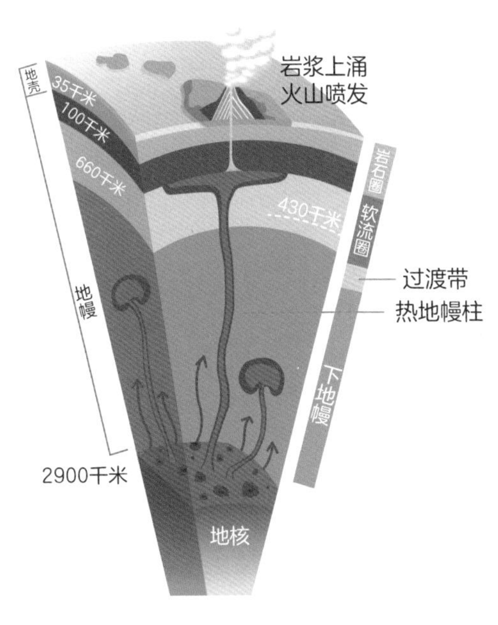

地球内部构造示意

是一个多么富有想象力的伟大模型！大地构造学家认为自己已经揭开了板块漂移的奥秘。

然而，再深究一下，板块移动的驱动力何在？是什么力量如此强大，足以让岩石圈运动起来？软流圈为什么会产生热对流？于是，地幔柱假说应运而生。

从上世纪70年代起，科学家又对地幔柱进行了深入研究，进一步提出了超地幔柱假说。超地幔柱假说设想了热地幔柱和冷地幔柱，展现了新型的地幔柱对流模式。

尽管地球内部都是炽热的岩浆，但不同区域的温度却有着较大差异。温度高的岩浆会往上升，形成热地幔柱；温度低的岩浆会往下沉，形成冷地幔柱。

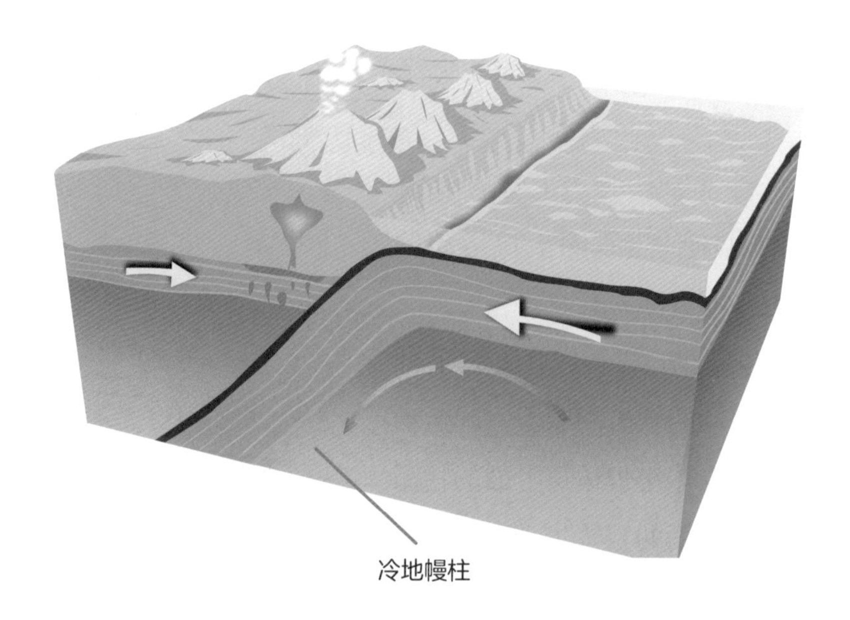

冷地幔柱

科学家认为，驱动板块活动的机制主要是由于地幔物质的对流。热地幔柱上升流起源于地核与地幔边界（深度约2900 千米），由热物质流上升而成。热流在接近地表时弥漫开来，导致岩石圈板块受张力而破裂，地幔物质沿裂隙上升，形成了大洋中脊（海岭）或大陆裂谷，并伴随着地震、火山爆发，板块也随地幔对流而移动。冷地幔柱则与板块俯冲有关。当大洋板块移动到大陆板块处，沿着俯冲带下沉，便形成下降的冷地幔柱。冷地幔柱的下沉又会挤占深层的地幔空间，导致热地幔物质的对应上升，便形成对流的循环。所以，在地幔柱的全球对流中，冷地幔柱的下降是主要因素，由此引起地核热地幔柱的形成和上升运动。

地幔柱构造可以解释板块内部的活动，如大洋火山链和大陆溢流玄武岩。地幔柱构造理论所提出的热地幔柱和冷地幔柱的对流模型，是对地球运动的动力学的最全面的解释，也是对板块构造更深刻的诠释。

知识拓展

什么是热地幔柱？

热地幔柱是深部地幔热对流运动中的一股上升的柱状液态物质，它从软流圈或下地幔涌起，穿透岩石圈而形成。它在地表或洋底出露时就叫作“热点”。热点上的地热流量大大高于周围广大地区，甚至会形成孤立的火山。

知识拓展

什么是超地幔柱?

超地幔柱指起源于地核与地幔边界，直径达数千千米的热物质上涌体（即巨大的热地幔柱），是大陆裂解和海底扩张的基本动力。全球共有两个超热地幔柱，分别位于南太平洋和非洲下面。

什么是冷地幔柱?

冷地幔柱与板块俯冲有关。俯冲板块滞留在上下地幔界面处，经过聚集达到一定规模后将继续下沉，形成下降的冷地幔柱。冷地幔柱的形成有一个过程，由于它进入下地幔需要克服很大的阻力，所以俯冲板块要在聚集到很大的规模时才能继续下沉，由此还会形成超冷地幔柱。

在亚洲大陆之下有一个超冷地幔柱，它是由俯冲物质在上、下地幔边界堆积形成的。热地幔柱和冷地幔柱相辅相伴出现，构成了现代地球物质热对流的主要方式。

2 板块运动：一部旋回的史诗

1966 年，J.T. 威尔逊提出，在地球 46 亿年的演化史上，曾先后存在许多大陆组成的联合古陆，这些超级大陆都经历了崩裂离散，然后又重新联合的过程。大陆的聚合与离散、洋盆的开启与闭合，在地球史上重复出现。这种循环的现象被威尔逊归纳为：萌发期→青年期→成熟期→衰落期→终结期→地缝合线时期。后来，为了纪念威尔逊，这个模式被称为威尔逊旋回。

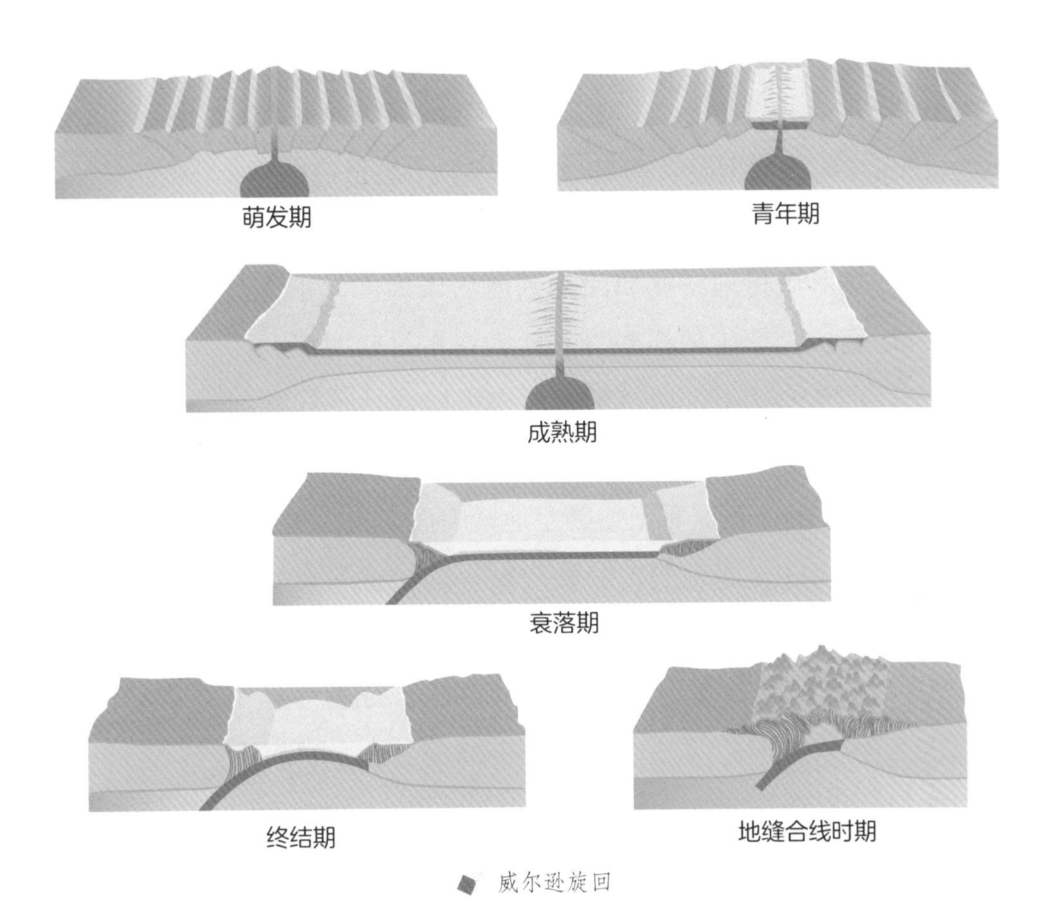

威尔逊旋回

萌发期就是陆壳因为地幔物质的上涌，拉张、开裂形成大陆裂谷，但还没有形成海洋环境。现代的东非裂谷可能就处于这一时期。青年期是陆壳继续开裂，开始出现狭窄的海湾，局部已经出现洋壳，如红海、亚丁湾。成熟期是由于大洋中脊向两侧不断增生，海洋边缘又出现俯冲、消减现象，所以大洋迅速扩张，如大西洋。衰落期是大洋中脊虽然继续扩张增生，但大洋边缘一侧或两侧出现强烈的俯冲、消减作用，海洋总面积逐渐减小，如太平洋。终结期是随着洋壳海域的缩小，终于导致两侧陆壳地块相互逼近，其间仅存残留小型洋壳盆地，如地中海。地缝合线时期是大洋消失，大陆相碰，使大陆边缘原有的沉积物强烈变形隆起成山脉，如喜马拉雅山、阿尔卑斯山脉。

根据威尔逊旋回，板块最初的运动是在大洋中脊开始的，热对流将地幔物质喷涌到海底表面大洋中脊部位，冷却后便成为新生的洋底，并从大洋中脊向两侧开始水平扩张。在其到达大陆边缘后，受到大陆板块的阻碍而发生碰撞，部分物质拼贴在大陆边缘，使大陆增生长大；部分物质俯冲下插，最后重新熔融于地幔中而完成一次循环。

威尔逊旋回表明，分裂与聚合的交替是大陆演化的基本过程。在地球历史上，距今约 18 亿年前形成哥伦比亚超级大陆，然后离散；约 10 亿年前再次形成罗迪尼亚超级大陆；约 8 亿年前的元古代末，全球分为 3 个超级大陆：劳亚古陆、西冈瓦纳古陆和东冈瓦纳古陆；约 5 亿年前寒武纪劳亚古陆分裂成许多小大陆。在之后的奥陶纪、志留纪和泥盆纪时代，大陆从分裂到重新组合，整体向南极汇集。至石炭纪，全球大陆明显聚合成联合大陆，二叠纪末至三叠纪早期已形成盘古泛大陆。从侏罗纪开始，盘古泛大陆重又解体，分裂后发生离散漂移，逐渐发展成今天全球大陆的分布格局，在这一过程中，也有像印度板块与冈瓦纳古陆分离后，北上碰撞亚洲大陆拼合在一起的情况。

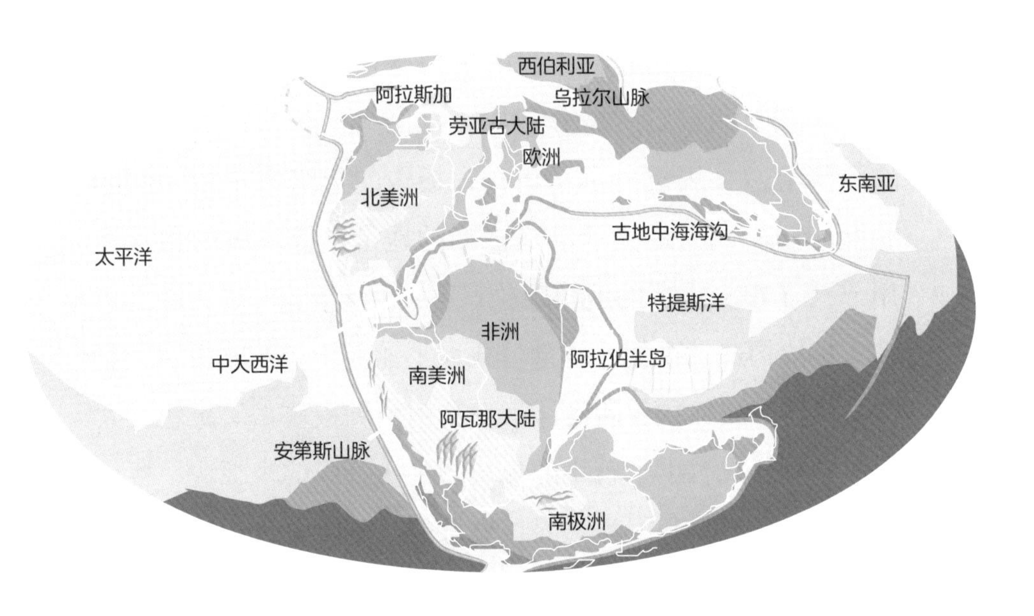

三叠纪全球海陆分布

3 人类对地球的认知越来越接近真相

20 世纪 60 年代，地学界诞生了基于海洋地质学领域的海底扩张学说和板块构造学说。它认为地壳是活动的，这对传统地质学理论提出了挑战，并引发了一场“地球科学革命”风暴。板块构造学说不仅改变了地球科学的结构，还大大改变了地球科学家的思维方式。目前，板块构造理论已影响到地球科学的几乎所有领域。

从魏格纳的目光被大西洋崎岖的海岸线吸引到板块构造学说的确立，人类走过了半个世纪。板块构造学说吸取了魏格纳大陆漂移说的精髓——板块是活动的，并以海底扩张说为基础，在各国一大批杰出科学家的共同努力下建立起来。

总之，板块构造学说讲的是地球板块的形成过程及产生原因：刚性岩石圈被分裂成多个巨大的板块；板块驮在软流圈上做大规模的水平运动；板块的边缘由于板块间的相互作用而成为地壳活动最强烈的地带；板块间的相互作用 产生了很多重要的地质现象。

板块构造学说把全球划分成太平洋板块、亚欧板块、非洲板块、美洲板块、印度洋板块和南极洲板块六大板块，大板块又被分成若干个较小的板块和更次一级的小板块。板块一般不是以大陆和大洋为界线划分的，可以既包含陆壳，又包含洋壳。板块边界可分为三种基本类型，即离散边界，汇聚边界和走滑边界。板块运动的深部活动层不是地壳与地幔分界的莫霍面，而是岩石圈与软流圈的分界面，这个活动层更深，在上地幔内部。

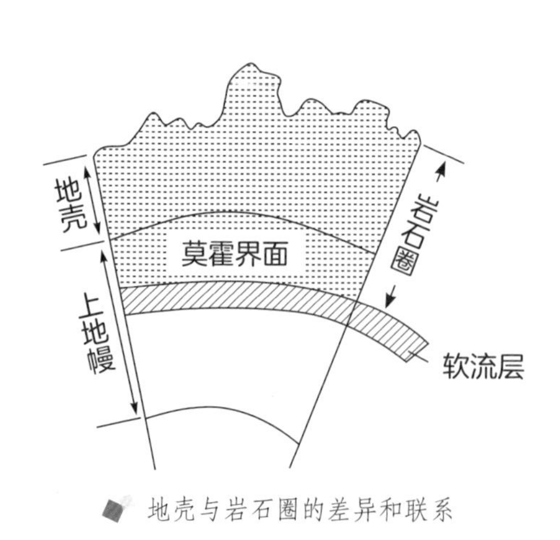

地壳与岩石圈的差异和联系

板块构造学说能比较圆满

地解释地球演化中的各种地质现象，让我们知道地球为什么、怎么样“长成”了现在的样子。

从大陆漂移学说到海底扩张学说，进而发展到板块构造学说，这样一个系统地叙述地球演化历史的伟大理论大大开启了人类的智慧。由此，一种人类过去难以想象的无比震撼和宏伟壮丽的全球板块构造运动模式赫然展现了出来，使人类从未像今天那样深刻认识地球演化的规律，也从未有如此信心勾勒和畅想地球板块的未来。

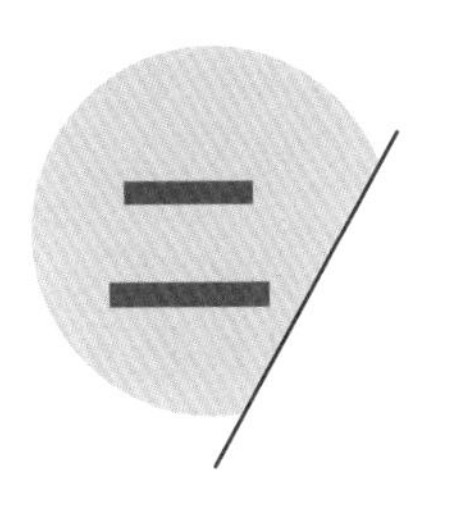

二 板块之舟何时启动

板块运动是地球漫长演变的结果。板块运动从开始到如今，一直持续不断地在推动大陆和大洋的变化。然而，板块运动究竟是何时启动的，始终是科学界关注和争议的热点。通过对古老岩石的研究，特别是采用化学方法的研究，这一探索有了突破性的进展。

最初的地球很可怕

早期地球的模样，我们很难想象。它不像如今是一个郁郁葱葱、鸟语花香的蓝色星球，而是一个如同火球般的恐怖星球。原始地球遭遇无数次大撞击，地表充满四射的耀眼火光和四处漫溢的岩浆海。岩浆海虽然恐怖，但它却奠定了地球未来宜居环境的基础，最终导致地表四大圈层（岩石圈、水圈、生物圈、大气层）的形成。

1 灼热的火球时代

地球伴随太阳系的形成而诞生，它的形成源自太阳系的气体和固体尘埃。

太阳形成后，不断地向外释放大量能量，使熔点高的石质物不断聚集在周围，这些石质物越聚越大，越集越多，最终形成了水星、金星、地球和火星。而离太阳远的地方，那里获得的太阳能量小，一些熔点低的冰质物和气体聚集在一起，它们也是越聚越大，越集越多，从而形成了木星、土星、海王星和天王星。现在的地球大约70.8%的表面覆盖着海洋，有“水之行星”的美名，它运行的轨道带也被称为“生命宜居带”。其实，地球历史上曾经发生了许多可怕的地质现象，而岩浆海是最为严酷的一种，那个阶段被称为“灼热的火球时代”。

46 亿年前，原始地球诞生时，星际间的碰撞非常频繁，大量的小行星、彗星和星际物质不断光临地球。由于遭遇接连不断的撞击，整个地球的表面充满撞击坑，就如同现在的月球表面那样。每次碰撞之后，地球都和这些星体合体，因此越变越大。

撞击时产生的巨大能量将地球表面熔化，使整个地球被岩浆覆盖，地表成了岩浆的海洋，到处是四溅的岩浆浪花和旋涡，一幅地狱般的景象。在厚厚的大气层下，炽热的岩浆四处流淌、漫延。当时地表的温度达到恐怖的 1200 摄氏度。同时，地球内部积蓄了巨大能量，不断向

星际物质撞击地球

外释放，大量岩浆喷涌出地面，形成了许多火山。假如从外太空看当时的地球，就是一个红通通的、遍体鳞伤的火球。

地球表面在远古时代的模样（岩浆海）

2 地球变得像多层蛋糕

原始地球早期还是一个各种物质均匀地混杂在一起的球体。随着大撞击的结束，火山喷发的气体形成了极厚的云层，遮天蔽日。当地表温度大幅下降时，巨量雨水倾盆而下，形成所谓的“千年大雨”。炽热的地球内部开始不断冷却，物质成分产生了显著分异。这就像混有沙砾的泥水被静置，一开始各种物质是均匀分布的，但过了一段时间后，重的物质就开始往下沉，形成小石子、沙、泥和水的分层。

同样道理，岩浆海在形成一段时间后，金属等重的液体开始和岩石等轻的液体分离开来，含有铁、镍等元素的金属往下沉，沉到地球的中心，而较轻的物质成分分布在离地表近的浅层。较重的岩石形成地幔，较轻的岩石形成地壳。于是，地球就像一个多层流心蛋糕，最表面是地壳，地壳下是熔融流淌的地幔，地幔下是极端炽热的地核。地壳和地幔顶层构成刚性的板块，在黏稠但流动着的软流层之上缓缓移动。来自地核的热量驱动着这种缓慢但威力巨大的运动。

地核是地球的心脏，由铁、镍物质构成的固态金属内核和液态金属外核组成。地核的外面，依次被地幔层和地壳层包裹。地核非常热，有假说认为，地核中心的温度高达约 6000 摄氏度，比太阳的表面温度还要高。这是由于大量星际物质猛烈撞击地球时所产生的热量和金属下沉到岩浆海底部时产生的热量被聚积并锁住。同时，放射性元素的衰变，如铀和钍在衰变过程中释放出热量，是地核保持高温的另一个重要原因。

地核的形成给地球带来了巨大的变化，它就像一台巨大无比的发动机，推动地幔物质的运动和地壳变化，使地表逐渐变成现在这个样子。

地核物质在地球自转的影响下形成了磁场，使地球成为一个生命可以繁衍生息的星球。假如没有地球磁场的庇护，致命的太阳风很快就会吹走大气，蒸干海洋，扼杀地球生命。而地球磁场的形成有效地避免了地球上最初的生命形态遭受太阳磁辐射的破坏。后来地球上演的精彩纷呈的生命史诗，都得益于地核磁场的保护。

地幔位于地壳与地核之间，一般分下地幔层和上地幔层，其分界线在地壳下 1000 千米处。下地幔是柔软的物质，大约是铬的氧化物和铁、镍的硫化物。上地幔除硅铝物质外，铁与镁成分增加，类似橄榄岩。软流层位于上地幔上部，是岩浆发源地之一和岩浆垂向和横向流动的地方。岩石圈则由上地幔顶部（软流层以上）和地壳组成，是由坚硬的岩石组成的圈层。地幔是介于地球表层地壳与最内层地核之间的中间圈层，承担着内外两层的能量传递和交换的功能。

地壳不是厚度均匀的，大陆地壳平均厚度约 33 千米，比海洋地壳厚得多。高大山系地区的地壳最厚，欧洲阿尔卑斯山的地壳厚达 65 千米，青藏高原某些地方超过 70 千米。大洋地壳则很薄，如大西洋南部地壳厚度为 12 千米，北冰洋为 10 千米，有些地方的大洋地壳的厚度甚至只有 5 千米左右。整个地壳平均厚度约 17 千米。一般认为，地壳上层由较轻的硅铝物质组成，叫硅铝层。大洋底部一般缺少硅铝层；下层由较重的硅镁物质组成，称为硅镁层。大洋地壳主要由硅镁层组成。

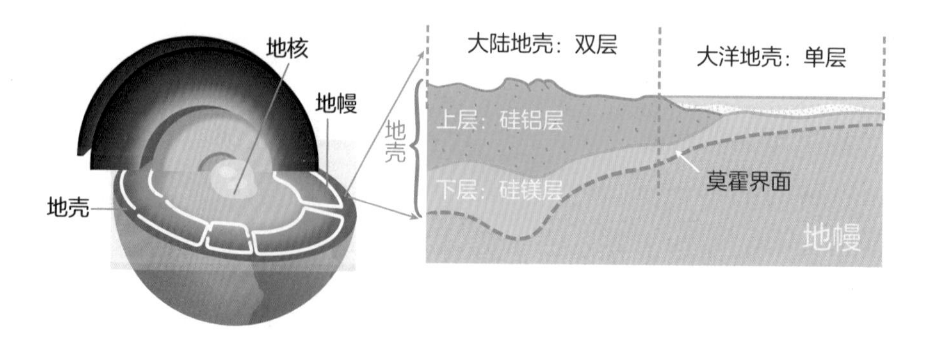

地球剖面

3 最初的地壳是什么样的

我们居住的地表，“多层蛋糕”的最外层——地壳，经过 40 多亿年的不断演变，才变成了如今的样子。在地球的早期，地壳形成之初，它完全是另一副样子。

在地球早期，受小行星等不断的撞击，地下大量玄武岩浆沿着地球薄弱处喷涌而出，形成红色的玄武岩浆海洋。由于缺乏大气层保护，地球很难聚集热量，地表迅速冷却，于是形成大规模的薄层玄武岩，它们就像冰激凌外面的巧克力脆皮，构成地球最初的地壳。

地球形成之初，重元素逐渐沉降到地球内核，而重元素中很多带有放射性，因此形成了地球的放射性内核，放射性元素不断在地球核心散发辐射，提升内核温度，地球外壳保存温度，让地球内部不断升温加热，到达非常高的温度。因此，放射性衰变使早期地球内部的温度比现在高得多。

最初的地壳呈松软状态，并不刚硬。频繁的星际物质撞击，使这层薄薄的巧克力壳——原始的玄武岩地壳不断遭受破坏，一再融入热乎乎的地球内部，这样的过程几乎持续了 7 亿年。

最终，表层的岩浆海洋冷却下来，它形成的玄武岩地壳构成了一块完整岩盘，它几乎没有缝隙地将整个地球覆盖住。原始的地壳最初可能出现在 42 亿年前，加拿大西北地区的艾加斯塔有距今 40 亿年的片麻岩，表明当时地壳正在形成。

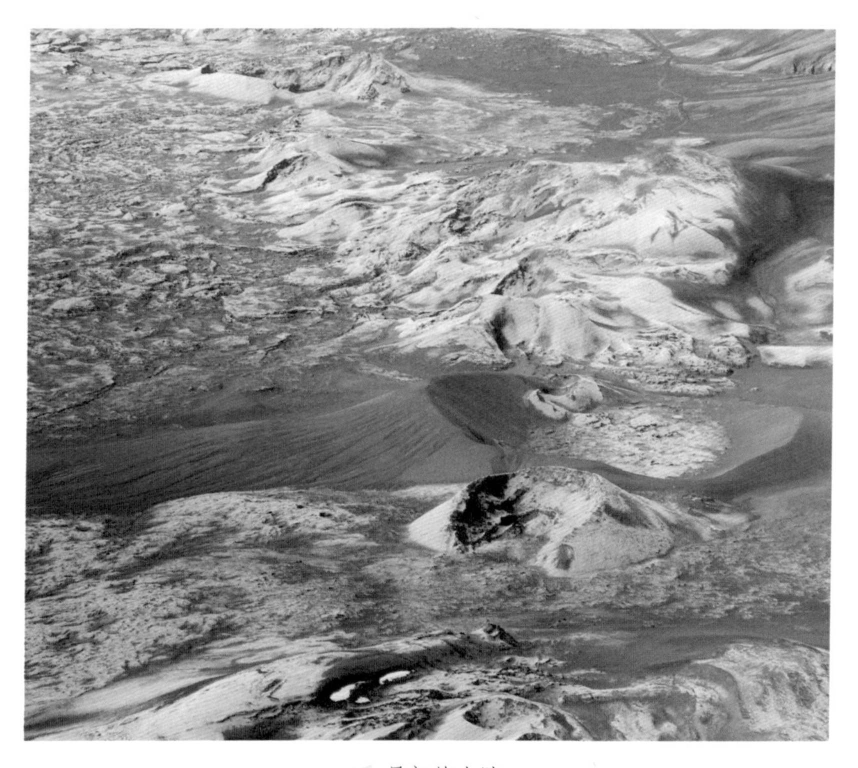

最初的大陆

知识拓展

什么是放射性衰变?

放射性衰变是不稳定原子核自发地放射出射线而转变为另一种原子核的过程。

什么是片麻岩?

片麻岩是由岩浆喷发后或经深度变质作用而形成的岩石，它的主要矿物成分是石英、长石、角闪石、云母等。

刚硬的岩石圈有缝隙

大家都知道，人类脚下的大地是岩石圈的表面，所以我们专门来谈一谈地球最外层的构造——岩石圈。

岩石圈本来是铁板一块，后来破裂成多个板块，地震带和火山带就沿着它破裂的缝隙分布。岩石圈这么刚硬，怎么还会破裂呢？其实，它深受地下岩浆活动的影响。

1 岩石圈是怎么形成的

岩石圈是地质学专业术语，包括整个地壳和上地幔顶部软流圈以上坚硬的部分，由花岗质岩、玄武质岩和超基性岩组成，厚约 60 ~ 120 千米。超基性岩属于火成岩的一类，深灰黑色，比重大，铁、镁质含量高，以不含石英为特征，主要由橄榄石、辉石以及它们的蚀变产物，如蛇纹石、滑石、绿泥石等组成。

地壳与地幔的分界线叫作“莫霍面”，这个概念是由南斯拉夫地震学家、气象学家莫霍洛维奇于 1909 年 10 月 8 日提出的。界面上下的物质构成和物理性质不同，对地震波的传播速度有影响。岩石圈是地震高波速带。

对于地球上水的循环，我们都不陌生，但是岩石圈物质的循环往往少有人知。这种循环周期非常非常长，完成一次大约需要数亿年。岩石圈物质的循环虽然很难被“看见”，但它却对人类生活影响重大—— 是它造成了地球表面峰峦起伏、多姿多彩的地貌。

岩石圈物质的循环是怎样塑造我们可爱地球的模样的呢？这种循环的本质是三大类岩石——岩浆岩、变质岩和沉积岩的变质和转化。

在地球内部压力作用下，原本被封在岩石圈之下的岩浆从岩石圈的薄弱地带侵入上部或喷出地表，冷却凝固，形成岩浆岩。裸露地表的岩浆岩经过风吹、雨打、日晒等风化作用，崩裂分解，成为砾石、沙子和泥土。这些岩石碎屑被风、流水等搬运后沉积下来，经过层层叠覆，在地下深处发生固结成岩作用，形成沉积岩。同时，这些已经生成的岩石，在一定的温度和压力下发生变质作用，又形成了变质岩。

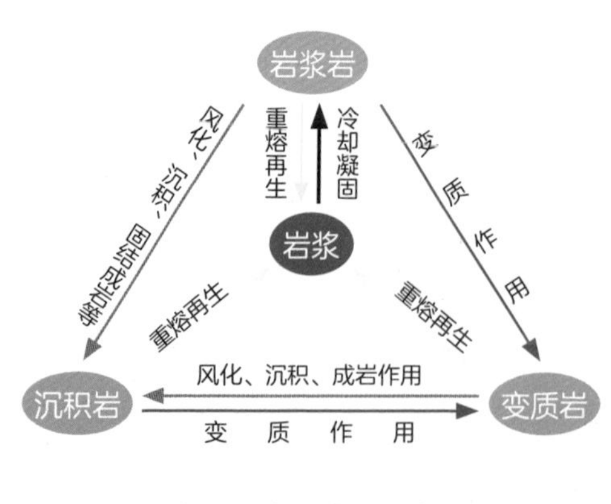

三大岩石转化示意图

如果岩石又进入了岩石圈深处或岩石圈以下，将重新熔化，成为新的岩浆。岩浆在一定的条件下再次侵入或喷出地表，形成新的岩浆岩，并与其他岩石一起再次接受外力的风化、侵蚀、搬运和堆积。就这样，周而复始，岩石圈的物质处于不断的循环转化之中。如今呈现在人们面前的高山、洼地，以及河、湖、高原、冰川和黄土等地理地貌，都是岩石圈物质不断循环，在地表留下的痕迹。

因为岩石圈及其表面的地貌形态是我们日常生活中看得见、摸得着的，和生物繁衍生息密切相关，所以岩石圈是我们研究得最详细的固体地球部分。

纵览整个固体地球的主要表面形态，洋底占据了地球表面总面积的2/3之多，大洋盆地约占海底总面积的45%，其平均水深为4～5千米，在大洋盆地中，分布着许多海底火山，它们周围延伸着广阔的海底丘陵。

现代观测研究表明，海洋板块是由喷出的玄武岩岩浆冷却之后形成的。而形成大陆板块的花岗岩又是从哪里来的呢?

1950年，加拿大岩石专家诺曼·鲍恩进行了一个实验来验证大陆岩石的形成。鲍恩将含有水分的玄武岩在高压下进行加热后，发现岩石的一部分熔解变成了其他类型的岩石。这种新形成的岩石正是花岗岩。在他实验室里重现的正是40多亿年前海底发生的事情，大陆是由海底的玄武岩变成花岗岩构成的。

当玄武质岩再一次发生熔融时，密度小的轻物质不断上升聚集，便逐渐形成了硅铝质岩浆，即构成大陆地区地貌的、以硅铝为主要组分的花岗岩质层。

2 地球玩的“拼图”

包裹地球表面的是厚厚实实、坚硬无比的岩石圈。过去人们虽然知道火山或地震是来自地下的能量释放，但在没有系统了解这些火山和地震在全球的分布之前，总是以为那厚实的岩石圈是致密无缝的一个完整整体。

“板块”这个词，是由法国一位叫勒比雄的地质学家在1968年正式提出的。他根据各方面资料分析，认为包围着地球表面的一层坚硬岩石圈，并非“铁板一块”，而是被一些活动带，如大洋中脊、大裂谷、海沟、转换断层等分割成许多相互独立的块状单元，这一块一块的巨大岩石体，称为“板块”。

科学家将全球岩石圈划分为六大板块，即太平洋板块、欧亚板块、印度洋板块、非洲板块、美洲板块和南极洲板块。这六大板块也叫“巨板块”。六大板块的分界并不都和海陆分界一致。太平洋板块属于完全的洋壳板块，而其余五大板块既有海洋又有陆地。除了大板块外，还可分中板块、小板块、微板块等层次，各个板块边缘是地质活动频繁的地方，而板块的内部相对稳定。

岩石圈由若干板块组成，这些地球表面的巨大“拼图”是怎样拼在一起的？显然，板块之间的接触不是随便挨在一起的，而是通过一种巧妙的拼合方式衔接起来的，不同的拼合方式让板块有了不同的活动状态。科学家提出了三种拼合方式：

拉张型拼合

这种板块拼合方式十分特殊，两个板块不是亲密地紧贴着，而是靠大洋中脊在中间把它们间接地拼连起来。前面说过，大洋中脊是地幔岩浆物质（多为熔化的玄武岩浆）上涌的地带，上涌的地幔岩浆不断增加，堆积成新的大洋中脊，然后推动板块向两侧同时扩张。这种板块的拼合线也叫发散边界。

大洋中脊通常出现在海洋之中，地貌上又称“海岭”

或“海底山脉”。地球上最典型的大洋中脊是大西洋中部的海岭，它呈S形，南北向延伸，长约17000千米。大洋中脊最突出的特征是，有纵向延伸的中央裂谷和横向断裂带（即转换断层）。大洋中脊地震和火山活动频繁，所以它也叫活动海岭。

如果这样的地质现象出现在大陆上，看起来就是大裂谷。大裂谷是板块分裂的萌芽阶段。裂谷两侧新板块的形成方式和海洋中的“大洋中脊”有相似之处，也是因为地下的岩浆往上冒。大裂谷最典型的代表，是目前世界上最大的裂谷带——东非大裂谷带。这个裂谷南起赞比西河口，北至西亚约旦河谷，南北长达6400千米。地质学家认为，东非大裂谷最终会使非洲大陆破裂扩张，同时在裂谷底部产生一个新的大洋。

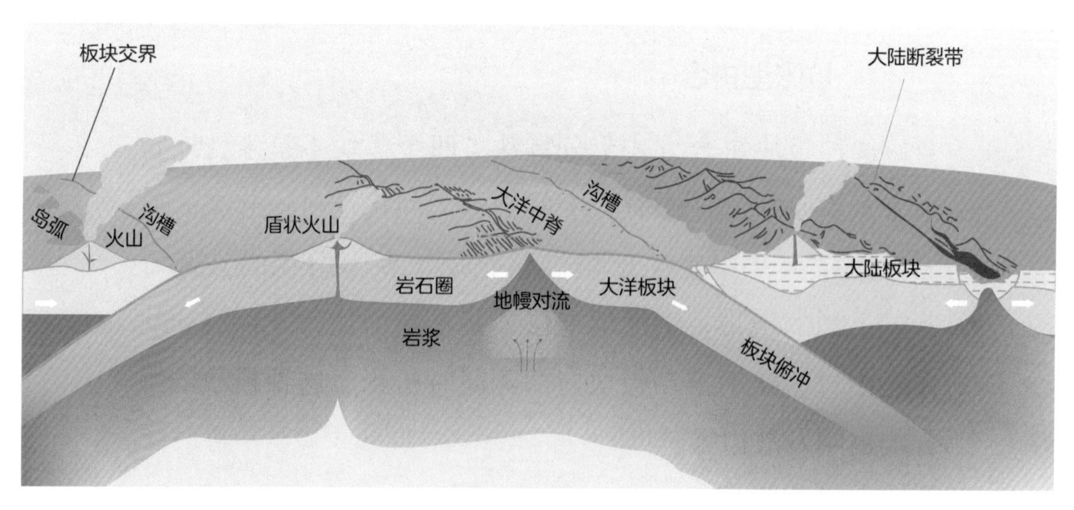

板块拼合

挤压型拼合

如果两大板块是碰撞在一起的，就会形成挤压型拼合。由于拼合起来的两块“拼图”性质不同，拼合方式也不同。

当大洋板块与大陆板块相遇，大洋板块会俯冲插入到大陆板块下方，大陆板块扬起，架在大洋板块上面，形成汇聚边界。这是因为构成大洋板块的物质是硅镁质，比重大、密度大，相对更重，就会处于较低部位；构成大陆板块的物质是硅铝质，比重小、密度小、相对较轻，就会处于较高部位。大洋板块多半以45°的角度“俯冲”到大陆板块之下。美国地震学家贝尼奥夫首次测量出该地带的地震，所以这个俯冲的地带叫作“贝尼奥夫俯冲带”。

在俯冲带上，俯冲的这边可能会形成很长的深海沟，被挤压抬升的那边的地表会形成岛弧和海岸山脉。比如西太平洋的一系列海沟和岛弧、北美洲西岸的海岸山脉和安第斯山脉，就是这样形成的。

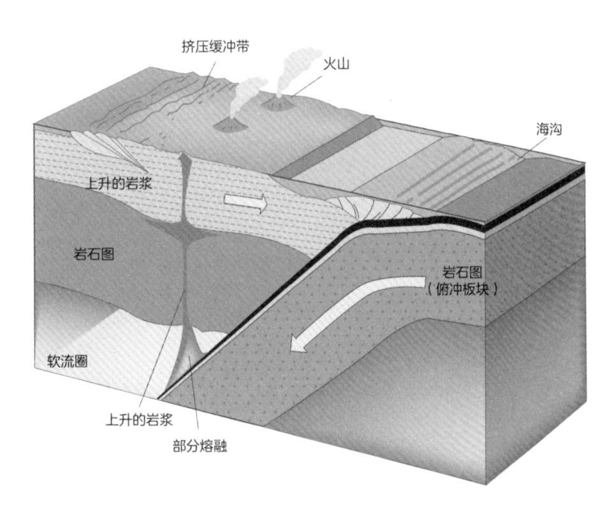

大洋板块和大陆板块的挤压

如果说不断涌出岩浆的大洋中脊是新洋壳的发源地，那么，海沟就是老洋壳的消亡地。从大洋中脊那里涌出的古老洋壳板块最终会在海沟俯冲下去，熔化在地幔中。

而两个大陆板块之间碰撞的情况就不同了。它们面对面地移动，最前端互相碰撞，谁也不让着谁，双方都受到挤压，强烈变形，会形成互相叠加的褶皱山脉。原来分离的两块大陆就像缝合在了一起，两个板块之间的接触线会在地表显露出来，成为“地缝合线”。比如印度板块与亚欧大陆板块相撞，形成了高高隆起的青藏高原，而雅鲁藏布江或者这条江以北的地区，就是两大板块的地缝合线。

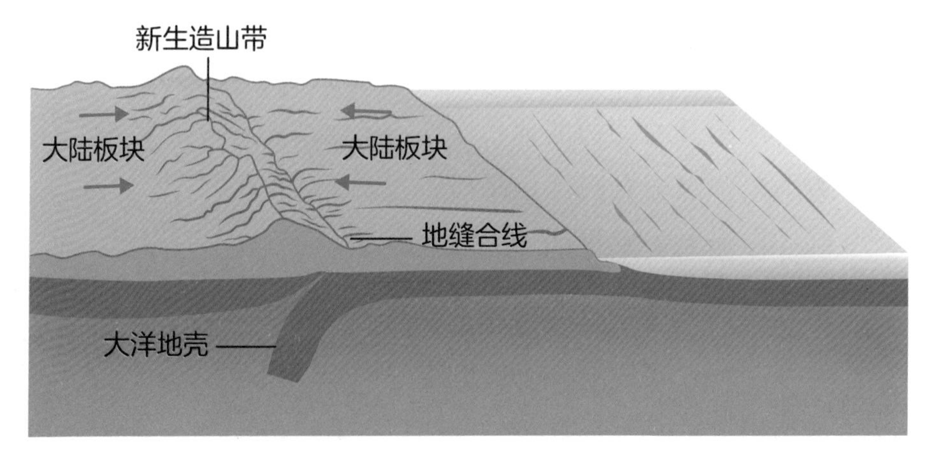

大陆板块和大陆板块的拼合

剪切型拼合

还有一种“拼图”方式，叫剪切型拼合。我们前面提到过转换断层，它们是大洋中脊的断层。在转换断层处，两个板块物质既不大量增生也不发生减少，只是拼合连接在一起。就算有什么地质变化，也仅仅会发生一些浅震或少量的玄武岩喷发。转换断层的距离，长达数十、数百甚至数千千米。

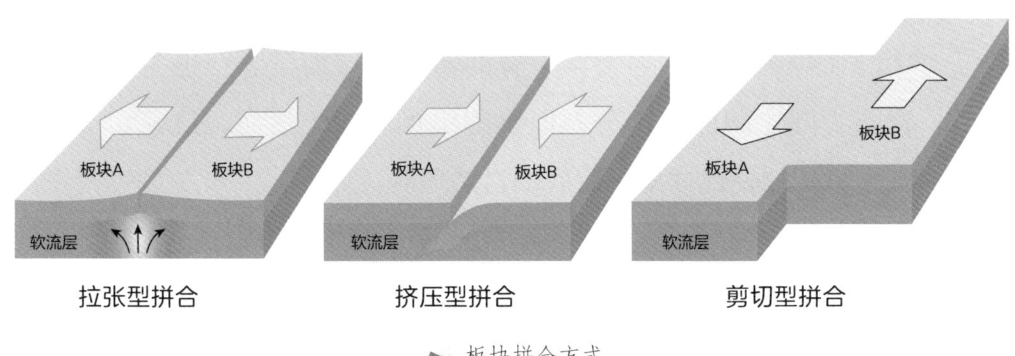

板块拼合方式

一对孪生兄弟：火山和地震

设想一下，如果将全球大洋里的水全都抽干，一幅极为壮观的海底地貌景观就会呈现在我们眼前。我们会情不自禁地为纵横全球6万多千米，绵延分布在四大洋的大洋中脊而惊呼，为横切大洋中脊的转换断层而疑惑，也为大洋与大陆之间的海沟分布而感到不可思议。然而，这一切却真真切切是地球海洋海底的自然风貌。

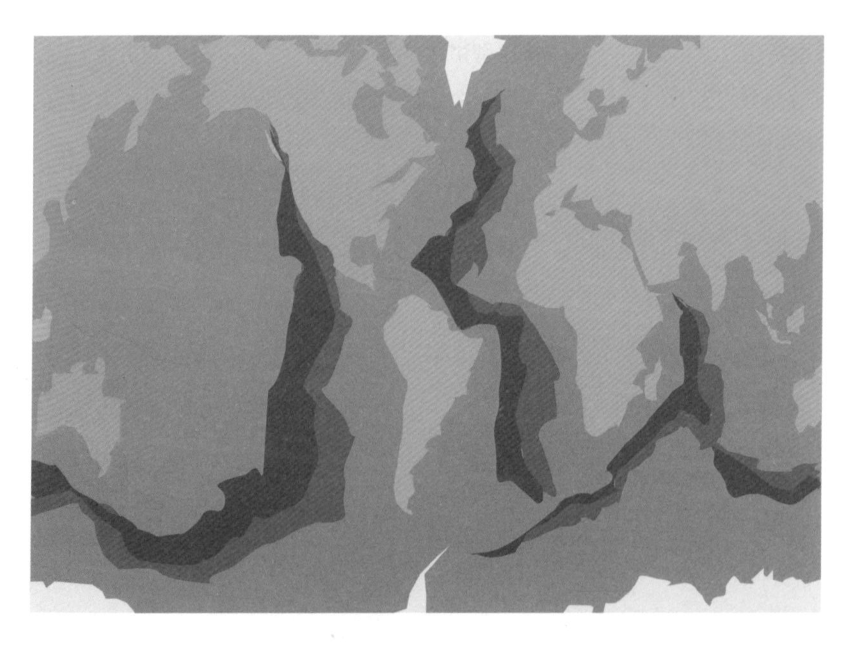

大洋地貌（抽干水的大洋），中间的深蓝色部分为洋中脊

无论是纵横万里的大洋中脊，还是规范排列的刀刃状的转换断层，或是深邃的海沟，都是板块之间交汇的接触带，也是全球地震和火山活跃地带。地震和火山活动就像一对孪生兄弟，它们都诞生于板块碰撞。它们的分布状况，恰好和板块之间的缝隙几乎完全对应。这充分说明，构成地球表面的岩石圈一直受到地幔物质运动的影响。

1 地震带

大洋地震带

全球主要大洋地震带有三个，包括环太平洋地震带、欧亚地震带和海岭地震带。

环太平洋地震带是地球上主要的地震带，它围绕着太平洋分布，沿北美洲太平洋东岸的美国阿拉斯加向南，经加拿大、美国加利福尼亚和墨西哥西部地区，到达南美洲的哥伦比亚、秘鲁和智利，然后从智利转向西，穿过太平洋抵达大洋洲东边界附近，在新西兰东部海域折向北，再经斐济、印度尼西亚、菲律宾、我国的台湾岛、琉球群岛、日本列岛、千岛群岛、堪察加半岛、阿留申群岛，回到美国的阿拉斯加，环绕太平洋一周，也把大陆和海洋分隔开来。这个地震带是地震活动最强烈的地带，全球约 80% 的地震都发生在这个地震带。

欧亚地震带从欧洲地中海经希腊、土耳其、中国西藏延伸到太平洋及阿尔卑斯山，也称地中海－喜马拉雅地震带。这个地震带全长2万多千米，跨欧、亚、非三大洲，发生的地震占全球的15%。

海岭地震带，又称大洋中脊地震带。在大西洋、印度洋、太平洋东部、北冰洋和南极洲周边的海洋中，成带状分布着许多中、小地震的震源区域。这个地震带分布延绵6万多千米，与大洋中的海岭位置完全符合。海岭地震带是全球最长的一条地震带。

总的来说，地震主要发生在洋脊、裂谷、海沟、转换断层和大陆内部的古板块边缘等构造活动带。

中国地震带

我国是地震频发的国度，大江南北有多条大地震带，如郯城－营口地震带、华北平原地震带、青藏高原地震区、四川龙门山地震带等。在中国，受太平洋板块、印度板块、菲律宾海板块与欧亚板块相互作用，再加上欧亚板块深部地球动力作用的影响，许多断裂晚第四纪以来仍在活动，而这些断裂正是大地震的温床。有历史记载以来，中国大陆的几乎所有的8级和80%～90%的7级以上的强震都发生在这些断裂的边界上。

我国以占世界7%的国土承受了全球33%的大陆强震，是大陆强震最多的国家。因此，中国是世界上地震灾害最严重的国家。20世纪以来，中国共发生6级以上地震近800次，遍布除贵州、浙江和香港特别行政区以外所有的省、自治区和直辖市，造成了生命财产的重大损失。

2 火山带

世界上火山的分布大都在板块与板块之间的接触面附近，是地下岩浆活动和板块挤压造成的结果。

在地壳断裂带、新的板块构造运动强烈的地区或板块边缘地壳薄弱的地方，火山常常呈现有规律的带状分布。世界上有4个主要火山带，分别是环太平洋火山带、地中海火山带、大西洋海岭火山带和东非火山带。

环太平洋火山带也称环太平洋火环，南起南美洲的科迪勒拉山脉，转向阿留申群岛、堪察加半岛，向西南延续到千岛群岛、日本列岛、琉球群岛、台湾岛、菲律宾群岛以及印度尼西亚群岛，全长4万余千米，呈一向南开口的环形，有活火山512座。

大洋中脊火山带也称大洋裂谷火山带，它在全球呈W形延展分布，仿佛一条环绕整个地球的珠链。它从北极海盆穿过冰岛，到南大西洋，等分大西洋壳，并和两岸海岸线平行，再向南绕非洲的南端转向东北方向与印度洋中脊相接，又向北延伸到非洲大陆北端与东非裂谷相接，接着南绕澳大利亚东去，与太平洋中脊南端相接，又向北延伸进入北极地区海域。

阿尔卑斯火山带分布于横贯欧亚的东西向构造带内，西起比利牛斯岛，经阿尔卑斯山脉至喜马拉雅山，全长10余万千米。这一东西向构造带是南北挤压形成的褶皱隆起带，主要形成于新生代第四纪。

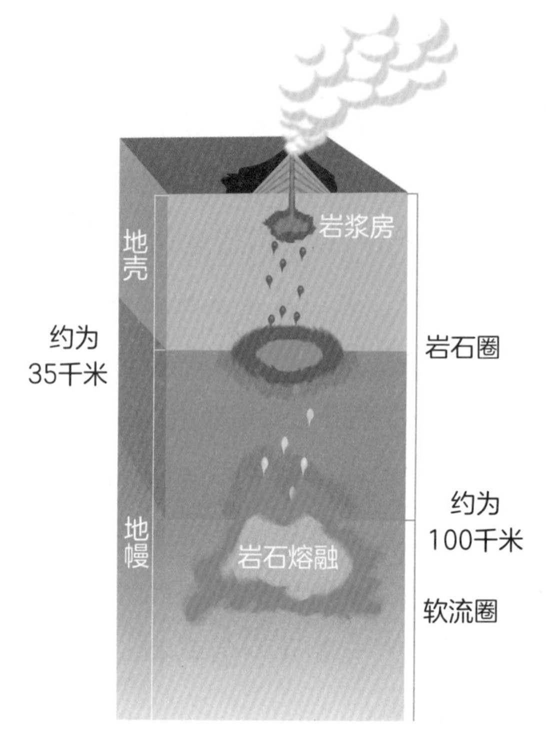

火山成因和岩浆运动示意图

那么，中国有哪些火山带呢？我国处于两大地震带之间，但国内大部分地区远离板块薄弱地带，因此中国境内在地壳运动方面呈现出“地震剧烈、火山微弱”的特点，多数火山都处于长期休眠熄灭的状态。

据2019年统计，中国境内约有660座火山，中国的火山主要分布在东北地区、内蒙古高原、海南岛北部、滇西横断山系南段的高黎贡山西侧、台湾岛、太行山等地区。

东北地区是中国新生代火山最多的地区，共有34个火山群，计600余座火山，并有大面积的熔岩流淌凝固后形成的熔岩被。它们主要分布在长白山地、大兴安岭和东北平原及松辽分水岭地区，这里有中国最大熔岩堰塞湖——镜泊湖、五大连池火山群、长白山火山锥等。

内蒙古高原也是中国晚新生代火山活动较频繁地区，高原北部分布着较广的多期火山活动遗迹，其中巴毛穷宗火山群，最高峰达5398米，是中国最高的火山。

台湾岛地处环太平洋火山带内，北部大屯火山群是早更新世－晚更新世期火山活动的产物，并有澎湖列岛等火山岛。这些火山形成了台湾岛北部独特的火山海岸。

另外，海南岛、云南腾冲地区、太行山东麓和江苏省境内也有火山群分布。

板块之舟的启航

尽管地球已有近46亿岁的高龄，但是由于地球的海洋地壳一直在俯冲带不断地沉没，熔化于地下深处，因而，哪怕是位于地中海东部和西北太平洋的最古老的海底地壳，它们的历史也只有2亿年左右。这与地球大陆地壳的年龄差距很大，科学家们在格陵兰岛发现的古老岩石就具有38亿年以上的历史。科学家正是通过这些化石和岩石线索来重建地球陆地的历史，并得知地球的现代板块构造应该始于大约距今30到35亿年之间。

1 寂静的地球

地球的历史就像是一本第一章被撕掉的书，因为早期的岩浆海抹去了所有痕迹，所以地球最初形成的岩石没有留存下来。但是，2017年，澳大利亚地质学家安东尼·伯纳姆的团队在澳大利亚西部杰克山脉的砂岩岩石中发现了有44亿年历史的微小锆石矿物颗粒。这些锆石矿物颗粒因为侵蚀作用而从最古老的岩层暴露出来，就像犯罪现场留下的皮肤细胞。它们是目前地球上发现的最古老的岩石碎片。

伯纳姆研究团队通过分析锆石中的微量元素，描绘出

地球早期的样貌。该研究团队发现，锆石并不是由沉积岩熔化形成的，而是形成于更古老的火成岩熔化。这一发现说明地球历史早期没有发生沉积岩熔化。因为沉积岩熔化只能由板块碰撞引起，所以科学家推测，地球早期没有发生大规模的板块碰撞，也意味着没有崇山峻岭。

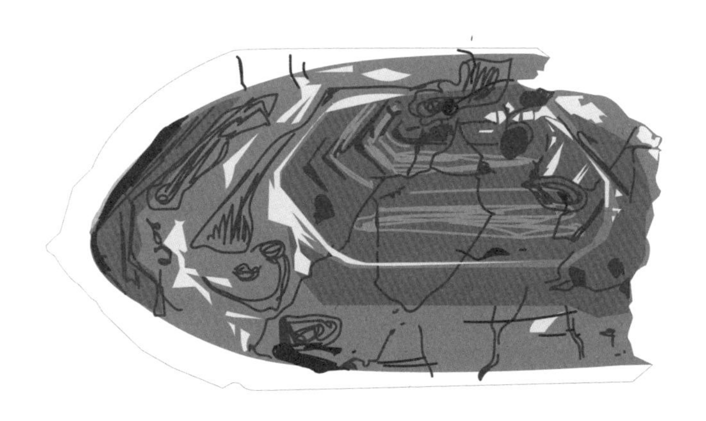

显微镜下的锆石

看来，地球在形成的最初 7 亿年里，没有山峰和深谷。除了遭遇星际物质的撞击，它是一颗相当寂静、黯淡的星球。随后 15 亿年里，锆石中的成分基本不变，这说明，地球在这段时期内的演变非常缓慢。

在地球早期冷却过程中发生的“千年大雨”使得地球表面基本上被海水所覆盖，只有陨石碰撞形成的环形山口和海底火山活动形成的火山岛等露出海面。后来的大陆是在板块运动出现后，经过不断的碰撞才不断长大，最终形成现在的海陆分布格局。

2 板块之舟 32 亿年前启航

地球最初是一片岩浆海，当它摆脱大规模星际物质的撞击，地核冷却至一定的温度时，地壳才硬化成岩石圈板块。过去几十年来，科学家们一直在争论这件事发生在什么时候，以及板块又在什么契机下开始分裂、移动、碰撞和俯冲。了解这一决定性的转变何时发生，能让我们更好地理解我们的星球如何形成现在这样的系统，生命演化中的某些变化又是怎样进行的。

我们现在已经明白，地球表层坚硬的岩石圈并非整体一块，而是由多个板块拼合而成。这些板块由六大板块和几十个较小的板块组成。大洋中脊则是板块诞生之地，喷涌而出的岩浆冷却后形成的板块向两侧离散开来，随着上地幔软流层流动而移动，并在大陆边缘的海沟俯冲返回地幔中。显然，地球的板块运动在太阳系的行星中是独一无二的。

在探究板块启动之源的过程中，地球化学研究起到了重要作用。地球化学是研究地球的化学组成、化学作用和化学演化的科学，它是地质学与化学相结合而产生和发展起来的交叉学科。近年来，地球化学示踪研究显示，板块出现后，氧气、二氧化碳和水才开始在大气和地幔之间交换。稳定的大陆地壳的体积也才开始大幅增加。研究还发现，板块产生后，钻石中才含有榴辉岩杂质，这是一种由地球表面的矿物侵入地壳深部或地幔中而形成的岩石。

但是，关于地球板块构造开始的时间，长期以来一直存在着激烈的争论，不同观点得出的时间相差很大，在 10 亿年前到 40 亿年前之间。

为了得到地壳运动的真相，科学家们像侦探一样在全球的岩石中搜索各种证据。

第一个证据是在南非科马提河附近的科马提岩中发现的冷却岩浆珠，它在这里已经默默埋藏了超过 33 亿年。由于裹着一层橄榄石晶体，它并没有受到周围环境里其他物质的侵袭。橄榄石晶体源于地幔岩浆池，极耐高温，所以能保护岩浆珠。

对于地质学家而言，这些稀有的岩石弥足珍贵，研究人员可以通过研究这个形成于极热岩浆中的岩浆珠，看到地球早期的地幔是什么样子。他们先加热再冷却了样本，使它变成了玻璃状。科学家在先进仪器的配合下，测量了玻璃岩浆的化学组成和来源。这些岩浆中水和氯的浓度颇高，还有一些氢的同位素氘，这些都符合俯冲海洋地壳的特征。简而言之，这些岩浆是古代海洋海底熔化后的产物，这意味着早在33亿年前，海洋地壳已经下沉融入地幔。

另外，在澳大利亚皮尔布拉的科马提岩中发现，从某个地层开始，一种被称为超镁铁质的成分消失了，消失的年代为32.7亿年前。科马提岩是一种古老的喷出岩，它喷发时非常灼热，喷出后迅速冷却，会形成细长的晶体。超镁铁质正是在科马提岩喷发时被加温而消失了。这进一步表明地幔在那时已经开始循环。

2020年，两个科学家团队通过研究这些证据各自独立得出结论，认为板块构造运动始于约32亿年前。也就是说，地球演变的重要转折点在约32亿年前的太古宙中期，地表正是在那时发生了破裂。

为了更好地佐证这个结论，科学家研究了被称为“化学指纹”的钨同位素。

钨–182同位素在地球早期的岩石中是相对丰富的。然而，一旦板块构造运动开始，岩石圈的物质循环就会使钨–182与其他4种钨同位素混合，使岩石中的钨–182含量均匀降低。

2015年，德国地球化学家乔纳斯·图什和卡斯滕·蒙克开发了一种有效的新方法，可以从古老岩石中提取微量的钨。经过近两年的分析，他们惊喜地发现，样本中钨–182的浓度开始时较高，这表明地幔还没有混合；然后，在2亿多年的时间里，钨–182数值逐渐下降，直到31亿年前达到今天的水平。这种下降反映了古老的钨 –182 被稀释，与其他 4 种钨同位素混合了，即地壳物质下沉融入到了地幔的流动中。

现在我们大致能得出结论，32 亿年前，地球表面发生了破裂，板块构造运动开始，板块之舟正式启航。那么，为什么原本好好的一整块岩石会发生破裂？触发岩石圈板块运动的动力究竟来自哪里呢？这个重大的科学问题一直困惑着科学界。

近年来的研究则表明，地球板块运动很可能是受地外天体大撞击而引起的。因为在澳大利亚和南非等地发现的地质证据表明，地球在约 32 亿年前经历了强烈撞击事件，这与最早板块运动的岩石记录相当吻合。澳大利亚麦格理大学行星研究中心甚至开发了一套撞击作用影响下全球地质构造的数值模拟系统，用以考察地外撞击对地幔热效应的影响，结果表明，直径 300 千米大小的巨型天体撞击会使地幔产生显著的热效应，从而直接驱动板块的运动。

陨石撞击地球

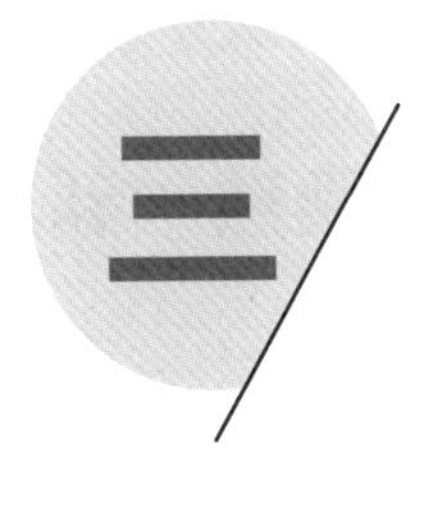

板块运动推动地球宜居环境的形成

距今约 32 亿年前，地球启动了板块构造运动，这给它带来了翻天覆地的变化，使它有别于其他星球，成为充满能量和生机的家园。回溯地球历史，我们满怀激情地看到，板块运动就像是一位伟大的艺术家，不断地塑造着地球上千姿百态、千变万化的地质地貌特征，不断地演变出令人心旷神怡的海洋和湖泊、令人畏惧的火山和地震，还有众多让人心生敬仰的崇山峻岭和大江大川，最终营造出万紫千红、鸟语花香、适合人类的宜居家园。

板块运动让地球焕然一新

我们脚下的大地从一块完整的地壳变成由几大块板块组成，从一片死寂到发生岩石圈物质循环，这是地球演化史上多么重大的事件！

1 地球气候变得宜居

地球的有氧大气层、或热或冷的气候都与板块构造运动有关。温暖的气候是宜居的根本条件。板块运动使地球在数十亿年里保持了适宜生物繁衍生存的气候，它就像是地球的恒温器，能制造大量二氧化碳，以保留越来越多的热量。与此同时，随着时间推移，太阳也变得越来越明亮和温暖，地球大气层中的二氧化碳被雨水沉淀，而后板块构造运动又将其锁定在地幔之上。这是一个长达数百万年的循环作用，对于地球温度的持续稳定和生命的诞生与演化都提供了重要帮助。

2 地磁场得以持续存在

板块构造运动加快了地球内部的降温速度，而温度下降会引发对流现象，进而形成磁场，避免地球大气层遭遇太阳风的破坏，从而对地球表面生物的生存演化担当起了保护层的作用。地球的左右邻居，像火星和金星都没有板块构造运动，也没有液态内核，也就难以产生磁场和精彩的生命现象，以至于这些星球表面是一片荒芜凄凉。

3 塑造山川河流

板块构造运动出现前，地球表面长期被远大于今日海洋面积的海水所覆盖，没有连绵不断的山峰。板块构造运动极大地改变了地球面貌，它像是一位伟大的雕塑家，不断塑造着地球的地质地理地貌，创造出令人震撼和畏惧的火山和地震，还有海洋、湖泊、崇山峻岭和大江大川。并且，斗转星移，板块聚合与离散的持续进行，使得地球地貌不断发生变化，沧海桑田，海陆变迁。当今最宏伟的青藏高原、最长的亚马孙河等，无不是板块运动的结果。

4 促使地球营养元素循环

在板块运动过程中，地幔、地壳、海洋和大气之间的物质循环确保了对生命必需元素的持续供应。板块构造使得像磷、氮这样的元素在大陆地壳的表面积累。当山脉风化并被冲进大海时，这些元素又为海水中的生命提供了养分。

碳循环起到了全球温度调节器的作用。在碳循环过程中，每个环节都离不开板块运动的作用。板块俯冲潜入，能将碳元素带回地幔中，其他板块活动还能将新形成的岩石带回地表。这些裸露的岩石进而发生化学反应，释放出矿物质。侵蚀和风化过程会将岩石中的铜、锌、硫等元素带入海洋，它们为浮游生物等提供了重要的营养物质。板块活动形成的山脉可以使空气向上流动，在高处冷却、凝结，形成降雨，进而吸收大气中的碳元素。

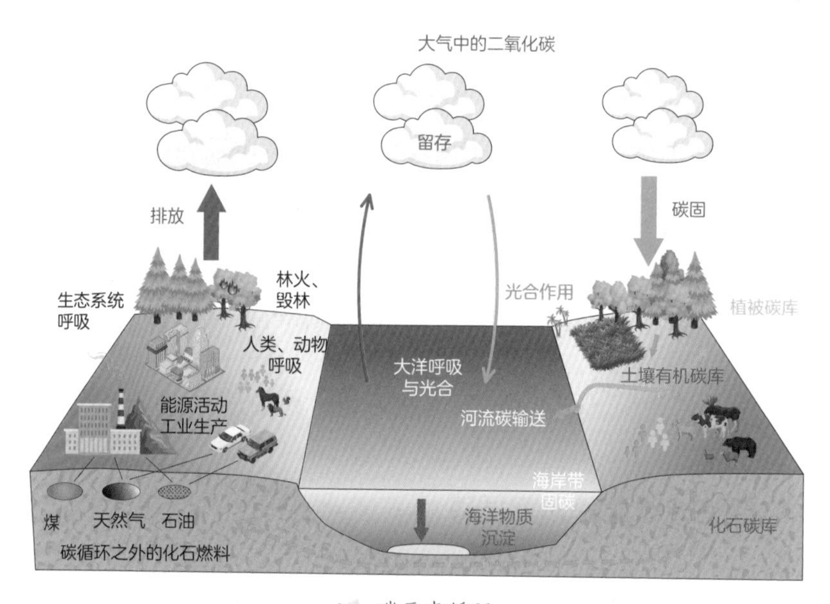

碳元素循环

5 推动生物多样性的发展

板块的扩张、碰撞和俯冲塑造了地球的地理特征，形成了许多大陆山脉，因而创造了丰富多样的自然生态环境，推动了生物进化和多样性发展。板块运动开始以来，各大陆在地球表面四处漂移，经受各种纬度的气候滋润与洗礼。若没有板块构造，地球的地形地貌就不可能如此丰富多样，也就不可能有如此精彩纷呈的生命现象和其多样性的发展。

板块运动导致白令海峡多次短时闭合，北美洲与欧亚大陆动物群发生多次交流。如距今约 1200 万年前，三趾马从北美洲扩散到亚洲，进而扩散到欧洲和非洲北部。北美洲的犬科、马科、骆驼科等类群进入欧亚大陆，而欧亚大陆的猫科、鬣狗科、反刍类、长鼻类进入北美洲。

自从 1.8 亿年前泛大陆解体之后，南、北美洲之间一直被海洋相隔。直到 300 万年前，巴拿马地峡从海中隆起，才使南、北美洲以陆地相连。从南美洲迁移到北美洲的动物有有袋类负鼠，还有雕齿兽、地懒、豪猪、犰狳等。从北美洲经巴拿马地峡迁移到南美洲的动物包括浣熊、剑齿虎（已灭绝）、美洲豹、美洲狮、虎猫、骆驼、犬科动物等。

不同大陆间的动物群交流有力地促使了生物多样性发展。

如果地球没有板块运动会怎样？

人们在感恩地球板块运动推动自然界的演变和生物界的演化的同时，也会不由自主地猜想：假如地球的板块运动停止了，会带来怎样的后果？

这并非杞人忧天！科学家通过研究地球过去长达30亿年的地幔运动，发现了一个惊人的现象：尽管极其缓慢，但地幔的温度一直都在降低。这个现象发生的原因说来也简单，任何比环境温度高的东西都在向周围散发热量，地球也不例外。地球内部所拥有的热量是固定的，不断地释放热量自然就会慢慢降温，从而让板块运动失去驱动力。如果地幔温度一直持续降低的话，大约14.5亿年后，板块运动很可能会完全停止。这将比54亿年后太阳膨胀成红巨星并吞噬地球那一天要早许多许多。

这一预测引发了科学界的争议，对此感兴趣的科学家都意识到，尽管我们可能无法准确预测板块构造什么时候停止，但这样的结局大概率会到来，地球也许将走上一条地质演变停滞的道路。

那么，当板块之舟停止航行，我们的地球家园会变成什么样子呢？

1 地球将变得沉寂和无趣

地球是太阳系中唯一的外壳分成了几个板块的星球，就像破裂的蛋壳一样。这些坚硬的板块漂浮在较为柔软的地幔上方，厚度最多可达数百千米。如果岩石圈板块不动了，那就意味着下面软流圈的驱动停滞了，就像地球的邻居火星和金星一样冷却了。

在没有板块移动的情况下，未来地球的地幔会在很长时间内保持足够的温度，岩浆会继续对流，上升地幔柱还会存在很久，我们也将会继续看到火山喷发。地幔柱会不断熔融周围的岩石圈，这将导致地幔物质在原地上升，推高地壳，形成孤立的山脉和相关盆地。这种活动会引起轻微的地震，甚至可能造成更多的火山活动。

但是，大洋和大陆板块之间形成的俯冲带将不再存在，因此，虽然地震仍会不时发生，但7级以上的真正惊天动地的地震将会成为历史。

最终，当构造运动彻底停止时，火山也就休眠了。随着地球温度的持续降低，最后的火山将熄灭，地球会像水星一样变成一颗寂静无趣的行星。

2 地表将趋向平坦

假如你看到那时的地球，会发现它变得很平坦。因为火山活动、地震几乎不会发生，造山运动将会停止，山脉无法继续抬高。原来通过板块构造运动形成的褶皱隆起，如喜马拉雅山脉、安第斯山脉、喀喇昆仑山脉等高大山脉都将被各种物理、化学风化作用和生物作用一点点地侵蚀掉。即使是最高大的山脉，都将随流逝的时间被抹去峰峦，最终成为平坦的丘陵。

原本凹凸不平的地球历经上亿年的风吹雨打，最终将变成没有起伏的大平原。大部分高山已被夷为平地，大陆将被淹没在水下。地球很可能只有一个巨大的板块，不再漂移或下沉。地球上永远不会再有像喜马拉雅山那样的高山，因为强大的地球引力场使任何高大的东西都会沉入地壳。

3 气候将变得单调

地球上的气候也将发生根本性的改变。没有板块运动，就没有二氧化碳气体通过火山口喷出，但大气中的二氧化碳仍然会以碳酸钙的形式固化，导致温室效应减弱，地球变得越来越寒冷。科学家指出，如果没有火山将二氧化碳喷回大气层，地球就会变得极为寒冷，变成一片冻土。没有板块运动，地球上将再也形成不了高山。没有了高山，暖湿气流将无法上升形成雨水，降水量将会变少，地球将会迎来干旱世纪。

4 告别碳循环

我们还将告别碳循环。前面说过，板块运动带动碳元素在地球内部和地球表面进行循环。当板块运动停滞，地幔会冷却到某种程度，致使遍布全球的碳传送带逐渐停止运转。到那个时候，地球将失去碳循环，再也无法重塑和重组如今的自然风貌。

5 生物多样性受阻

假使那时还有生物，由于地球表面环境变得雷同，生物种类也会变得单调，不会有高山物种存在，也不会有深海生物繁衍，只有平原上的生物，以及一些适应浅水环境的生物生活在地球上。不论在地球的什么地方，物种都是千篇一律。多样性的丧失将使生物界变得无趣。

但是，生物可能根本没有办法在那时的地球上生存。因为随着地球温度的下降，液态的地核会凝固，由地核运动产生的地磁也会消失，地球会失去无形之盾的保护，暴露在太阳风、电离辐射之中。

总之，一旦板块不再运动，地球可能就会变成一个毫无生气的死寂星球。

漂移的板块是生命之舟

自从地球板块开启漂移模式，地球生物便加快了演化的步伐，不仅生物自身走向了复杂化，而且与地表构造共同形成了纷繁复杂的自然环境。32 亿年来，随着板块不断地聚合与离散，地球表面不断上演海陆变迁的精彩戏码，坐着板块去漂移的生物也不断演绎着辉煌与沉沦、更替与发展的史诗。

蓝藻繁盛的助推手

早在地球生命诞生不久，蓝藻以自养的特性和另一些异养的细菌构成了地球海洋生态系统中的两极。蓝藻属于地球上最古老、最原始的生物，也是对地球生态贡献最大的生物。蓝藻通过不断释放氧气，将地球从无氧环境改变成有氧环境，使自然界和生物界发生了根本的变化。它极大地改善了地球海洋和大气环境，使山川河流等地貌焕然一新，形成了一系列新型矿物品种和矿藏资源；它也有力地推动了生命演化，使真核生物登上了地球舞台，开启了生命演化从简单走向复杂的征程。

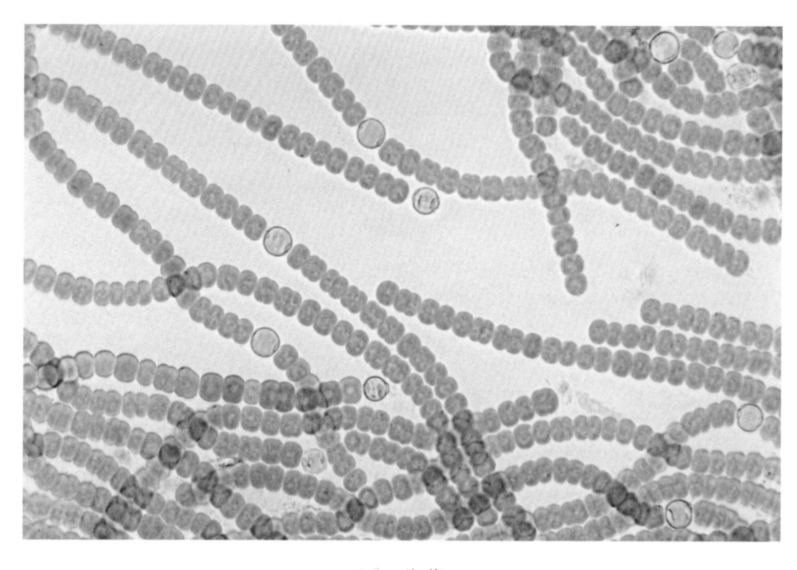

蓝藻

 知识拓展

什么是真核生物？

真核生物是所有单细胞或多细胞的，其细胞具有细胞核的生物的总称，它包括所有动物、植物、真菌和其他具有由膜包裹着的复杂亚细胞结构的生物。

什么是异养？

不能自己直接把无机物合成有机物，必须摄取现成的有机物来维持生活的营养方式叫作异养。异养包括共生、寄生和腐生三种方式。

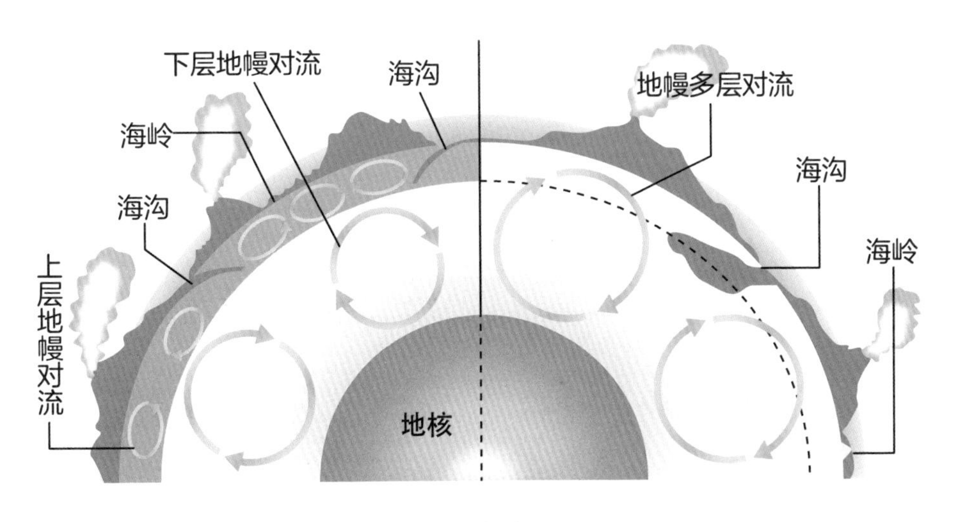

地幔对流

那么，是什么成就了蓝藻的伟大？因素固然很多，但不能不提及板块运动对其繁盛的助推作用。蓝藻只能生活在浅水中，早期地球表面，海洋覆盖全球，只有一些由陨石碰撞形成的环形山口和海底火山活动形成的火山岛等露出海面。

科学家研究发现，在27亿年前地幔发生了大规模对流，驱使所有的板块像是被吸引、吞噬一样集中到一起，板块不断发生碰撞和融合，逐渐形成早期大陆板块，最终露出了海面。又经历了漫长的岁月，它从岛屿发展成了颇具规模的大陆。新陆地的增加促使最适宜光合作用的浅滩面积不断增加，这才有了蓝藻的繁盛，才有了后来的大氧化事件，揭开了生物演化的崭新篇章。

海洋盛世的缔造者

在地球板块运动中，曾数次发生地球上所有大陆板块聚合在一起形成超级大陆的重大事件，其中至少有两次发生在前寒武纪时代。

距今10～8亿年前，曾有一个罗迪尼亚超级大陆。后来，源自地幔深处的岩浆再次活跃起来，强大的岩浆上涌撕开坚硬的岩石圈，将它分裂成数个板块，向四面八方漂移。分崩离析的大陆大大增加了陆地周边的海岸线长度，形成了由海岸向大洋延伸的大片浅海海区。这些阳光能够照射进去的浅海区域，是海洋生物繁衍生息的乐园。

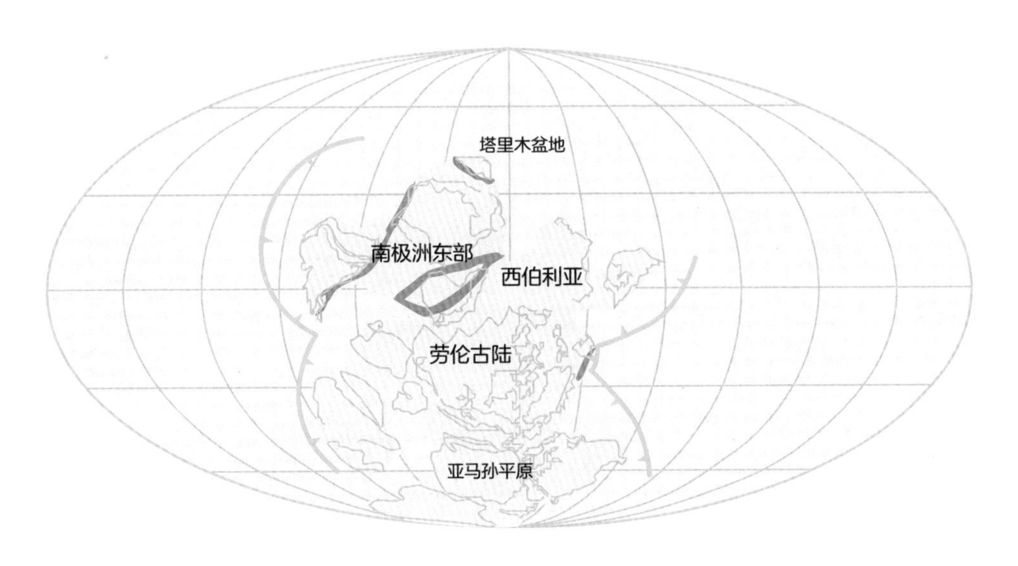

罗迪尼亚超级大陆

另外，大陆四散漂移时经历了极端气候——雪球事件，坚冰覆盖了陆地。当冰盖消融，洋流重新活跃起来，来自大洋深处的上升流出现在世界大洋各处，为浅海带来大量的微量营养元素，极大地促进了浅海海区生物的发展，尤其是出现了动物。这拉开了生物界演化最为重要的一幕。

地质时代进入了寒武纪，寒武纪生命大爆发就发生在浅海区域，在我国发现的云南澄江生物群和湖北清江生物群，分别代表了浅海较浅海区和较深海区的生物面貌。现代生物门类的祖先几乎都涌现了出来，如海绵动物、刺胞

澄江生物群复原图

动物、软体动物、腕足动物、节肢动物等无脊椎动物，还有半脊索动物、古虫动物和脊椎动物等。海洋生物演化的盛世伟业就此形成，奠定了5亿多年来生物多样性演化的格局。

从此，生物界掀起了一波又一波高潮迭起的演化浪潮，呈现出海陆空立体式的演化场景。无脊椎动物中的昆虫率先脱离地面的束缚飞向蓝天，爬行动物中的翼龙、由恐龙演化而成的鸟类和哺乳动物中的蝙蝠也开始冲向空中。这些都彰显了生命演化无处不在的精彩。

知识拓展

什么是雪球事件？

指的是地球表面从两极到赤道几乎全部被结成冰，地球被冰雪覆盖，冰川厚度达2千米，地球变成一个大雪球。

生物登陆的推动者

地球进入显生宙，经过了寒武纪生命大爆发和奥陶纪生物大辐射事件，生物界显得欣欣向荣。但奥陶纪末期，全球平均气温和海水温度出现了大幅度的下降，降低了8～10摄氏度。地球上形成了大陆冰川和大范围冰盖，导致了大量海洋生物的灭绝。高纬度地区的海水结冰，海平面下降了50～100米，原先大范围的浅海台地全部暴露出来成为陆地。紧随奥陶纪之后的志留纪，地球构造运动频繁，显得热闹非凡。早志留世，地球上到处形成海侵（在相对短的地质时期内，因海面上升或陆地下降，造成海水对大陆侵进的地质现象），中志留世的海侵达到顶峰，晚志留世，全球各地有不同程度的海退和陆地上升，一些板块间发生激烈碰撞，如劳伦板块与欧洲板块在志留纪末期相遇碰撞，导致一些山脉隆起，形成广泛沉积老红砂岩的欧美大陆。这时，地球面貌发生巨变，大陆面积显著扩大，而海洋面积缩减。这是一个巨大的海侵－海退旋回。

海陆变迁，海平面升降，使生物界经历了不平凡的演化。在这一变化中，一部分生活在海洋中的叶状体植物开始了向维管植物的进化。作为陆生高等植物的先驱，低等维管植物开始出现并逐渐占领陆地，其中，裸蕨类和石松

知识拓展

什么是海侵–海退旋回?

海退是海岸线向大海方向退去，而海侵则是海岸线向大陆挺进。当海退序列紧跟着一个海侵序列时，就形成地层中沉积物的成分、化石等特征有规律地呈镜像对称分布的现象，这种现象被称作海侵–海退旋回。

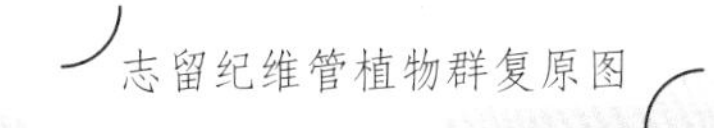

志留纪维管植物群复原图

知识拓展

什么是叶状体?

叶状体，又叫原植体，是没有真正的根、茎、叶分化的植物体。如藻类、菌类、地衣和苔藓等植物的营养体。

什么是维管植物?

维管植物是拥有维管组织的植物。维管组织是由木质部和韧皮部组成的输导水分和营养物质，并有一定支持功能的植物组织，对植物适应陆生环境有帮助。

类是目前已知最早的陆生植物。志留纪最终成就了维管植物大规模登陆的伟大壮举。

伴随着陆生植物的发展，植食动物也开始出现。志留纪晚期陆地上有了最早的昆虫和蛛形类节肢动物，其中包括千足虫、蝎子和蜘蛛等。这些小动物在澳大利亚西部志留纪砂岩上和世界其他地区的相似地层中留下了痕迹。在无脊椎动物其他各大类群中，从原生动物到环节动物，最初都是水生的。虽然其中一些种类后来也过渡到了陆上生活，但基本上都是生活在潮湿的土壤中，并未能占领地表和广阔的天空。真正大规模登上陆地的是无脊椎动物中的节肢动物。

节肢动物在长期的适应过程中，逐渐发展形成了一套能利用空气中的氧气的新型呼吸器官——气管系统。这一类群构成了节肢动物中最庞大的一支——气管亚门。多足纲是登上陆地生活的原始气管亚门动物，为了适应不同的陆地生活方式又分化成两支：一支转向隐蔽的生活，进入土壤中或在地表覆盖物下生活，它们的复眼慢慢消失，体节数增多，且大多躯干体节上都具有成对的“脚”——附肢，这就是现在的多足类动物，如蜈蚣、马陆等；而另一支则过着更为自由的生活，保留复眼等气管亚门的许多基本特征，这一支就是昆虫。

脊椎动物登陆同样离不开板块带来的推动。约 4.2 亿年前，劳亚古陆、波罗地古陆、阿瓦隆尼亚古陆发生碰撞。在这次地壳变动中隆起的巨大山脉阻挡了云层，带来充沛的雨量。不久，得到滋润的大地上出现了河流，大洋中的鱼类开始侵入淡水河流。斯堪的纳维亚山脉和阿巴拉契亚山脉作为远古时期留存下来的巨大山脉，或许见证了鱼类登上陆地的第一步。泥盆纪早期大气氧含量的明显上升，也是鱼类登陆的关键因素。

恐龙欢歌的演奏者

恐龙在距今 2.3 亿年前的三叠纪中晚期诞生，那时全球大陆板块基本上还处于大联合状态，超级大陆板块几乎从南半球一直延伸到北半球。当恐龙从初龙类中的一支演化而来的时候，辽阔的大陆给恐龙演化提供了大舞台，让它们能与那时横行天下的似哺乳爬行类动物抗衡。

纵观恐龙漫长的 1.6 亿年演化史，恰好是大陆板块从联合古陆到分崩离析的时期。在此过程中，恐龙坐着板块漂移到世界各地，成就了其辉煌而壮阔的演化史。

三叠纪恐龙复原图

三叠纪的南美洲和非洲大陆紧挨在一起，都是那个时代恐龙生活的家园，上面出现了各种各样的恐龙。科学家们在阿根廷的三叠纪地层发现了埃雷拉龙、始盗龙、曙奔龙和圣胡安龙，它们分别属于恐龙家族中的三大主要分支：肉食性的兽脚类、长脖子的植食性蜥脚类和长着喙部的植食性鸟臀类。科学家们也在非洲南部古老的三叠纪岩石中发现了大椎龙和安琪龙等原蜥脚恐龙遗骸。

三叠纪的恐龙还在美国、英国、德国等国家发现过，我国则发现了三叠纪恐龙的脚印化石，说明三叠纪时代恐龙也曾涉足中华大地。但总体而言，这时恐龙还没有那么多种类，恐龙家族当时还在与其他古爬行类动物激烈竞争。它们是新一代肉食动物，后肢能行走，也能短距离地快跑，行动灵活而迅速。这些优势，先后将素食和肉食的似哺乳爬行动物赶下了生命演化的历史舞台。

侏罗纪初期，超级大陆板块开始分崩离析，它裂开并形成了大西洋。全球气候温暖如春，两极没有冰盖，大陆植被茂盛，分布广泛。这样的气候环境十分适合恐龙大发展，恐龙家族得以迅速扩张，足迹遍及世界各地，并在不同的大陆板块演化出类型多样、形态差异巨大的恐龙新物种。中国、美国、英国、葡萄牙、法国、阿根廷、南非、德国和其他许多国家都发现了恐龙化石，恐龙物种多样性远远高于三叠纪时期。

在侏罗纪恐龙家族中，中国发现的最多，尤其在四川、新疆、辽宁、内蒙古等地区，侏罗纪恐龙物种之丰富，多

四川侏罗纪恐龙复原图

样性之高，地球上其他地区难以比拟。早侏罗世约 1.9 亿年前禄丰恐龙动物群、中侏罗世约 1.7 亿年前大山铺恐龙动物群和晚侏罗世约 1.6 亿年前石树沟恐龙动物群、约 1.6 亿年前燕辽恐龙动物群，几乎涵盖了侏罗纪时代主要的恐龙面貌。在侏罗纪恐龙家族中已形成了两支重要力量——身躯庞大、四足行走的植食性恐龙和二足行走的肉食性恐龙，它们构成了完整的食物链，在地球生物圈雄霸天下，没有其他动物力量可以撼动恐龙的霸主地位。

白垩纪四处漂移的板块呈现了当今地球海陆分布格局的雏形。白垩纪早期由于大规模海底火山喷发，形成了大

白垩纪恐龙复原图

量海台高地，极大地抬升了海平面，使岛屿纷纷和大陆隔离开来。越来越多的大陆板块使得恐龙家族衍生出越来越多的物种。特别是鸟臀类中的甲龙、三角龙、肿头龙、鸭嘴龙等纷纷登上演化舞台，为恐龙家族增添了多样性的光彩。

在我国发现了约 1.3 ~ 1.2 亿年前的热河恐龙动物群、约 1.1 亿年前的马山恐龙动物群、约 7000 ~ 8000 万年前的莱阳 – 诸城恐龙动物群和约 7000 ~ 8000 万年前的巴音满都呼恐龙动物群，这些都是极具中国特色又有世界影响的恐龙动物群。中国的恐龙物种超过 320 种，傲居世界首位，美国和蒙古分别位列第二和第三。

与侏罗纪的恐龙化石相对集中在某几个地区不同，科学家在世界各地发现了更多的白垩纪恐龙化石。可以这么说，白垩纪展现了恐龙世界最为丰富多彩的演化场景。坐着板块去漂移，是恐龙家族演化发展的最形象比喻，也是恐龙史的最好注释。

生物灭绝的掘墓者

地球生物演化有近40亿年的历史，其间不仅有寒武纪生命大爆发那样的辉煌时刻，也有各种各样的大灭绝事件。尽管每次大灭绝的原因各不相同，甚至地球内外因素交织在一起，但近年来科学研究表明，火山大喷发是生物大灭绝的重要根源。

火山喷发是地球内部构造运动导致岩浆入侵地表，并喷涌而出的现象，源自地幔热流源源不断给予的巨大动力。大多数时候，接近岩石圈的地幔柱头部会逐渐冷却，平展扩散，分流成小股，从板块间的薄弱部位溢出，缓慢而温和地把能量释放掉，较为平稳的火山喷发就属于这样的现象。然而，在漫长的地质史上曾经多次发生另一种恐怖的情况：当汹涌的地幔柱直接顶穿了岩石层，如同地狱之门被掀开，超乎想象的玄武岩洪流冲出地表，肆无忌惮地毁灭它遇到的一切物质。这种级别的火山活动，给生物圈造成的灾难甚至远超伽马射线暴和小行星撞击。

典型的案例是发生在距今2.5亿年前的二叠纪末期生物大灭绝，这是一场有史以来规模最大、影响十分深远的大灭绝事件。已有证据表明，当时西伯利亚地区曾经发生史上最大规模的地幔柱事件，持续了大约100万年，释放出超过

300 万立方千米的地幔物质，冷却的玄武岩洪流覆盖面积超过 700 万平方千米。与此同时，峨眉山火山喷发的面积超过 30 万平方千米，岩浆凝结成的玄武岩一直延伸到越南北部。

可以想象那是一幅怎样的悲惨场景。汹涌而出的大量火山岩浆气体持续弥漫在大气层，造成类似于著名天文学家和科幻作家卡尔·萨根提出的“核冬天”的景象，地表植物因为无法进行光合作用而陷于死亡。同时，由火山引发的山火遍布大地，摧毁了大片大片的森林。失去了食物链的基础——植物，处于食物链其他环节的动物也濒临绝境，出现大量灭绝，从而导致整个生态系统崩溃。这种悲残的景象在地球历史上曾屡屡上演，一次次严重摧残和遏制了生物界的发展。

知识拓展

什么是核冬天?

当使用大量核武器，尤其是对易燃目标使用核武器时，会产生大量的烟尘和煤烟，这些物质会进入地球的大气层，尤其是进入平流层。这些微小的粒子对太阳光有较强的吸收力，但对地面向外的红外光吸收力较弱，导致高层大气温度上升而地表温度下降，从而产生类似于严寒冬季的气候现象，这种现象被称为“核冬天”。

知识拓展

什么是伽马射线暴？

伽马射线暴是已知宇宙中最强的爆射现象，理论上是巨大恒星在燃料耗尽时塌缩爆炸或者两颗邻近的致密星体（黑洞或中子星）合并而产生的。伽马射线暴短至千分之一秒，长则数小时，会在短时间内释放出巨大能量。如果与太阳相比，它在几分钟内释放的能量相当于万亿年太阳光的总和，其发射的单个光子能量通常是典型太阳光的几十万倍。

板块威力的见证者

当大陆板块之间相向运动、产生碰撞时，就会形成地球表面巨大的褶皱山脉和高原。现实的例子是印度次大陆板块，它自中生代白垩纪脱离南半球大陆后，一路向北漂移，到了新生代初便一头撞向亚洲大陆，由此形成了迄今仍在缓慢隆升的青藏高原。这次碰撞深刻地改变了亚洲自然地理环境，极大地影响了动植物的生长和更替。

甘肃和政生物群化石分布于甘肃和政及附近地区的新近纪红土层和第四纪地层中。该地区地处青藏高原与西北黄土高原交会地带，自 20 世纪 50 年代开始，发掘出土了大量的远古时代的古动物化石，成为研究新生代地质演化，尤其是青藏高原隆起带来的生态环境变迁和生物群更替等现象的地学宝库。

和政地区新生代动物化石分布时间从渐新世开始一直延续到更新世，历经 3000 万年。在这段时间里，伴随着青藏高原的不断隆起，和政地区的古地理、古气候环境发生了翻天覆地的变化，生活在这一地区的动物群成员无论是种类还是数量均持续发生变化。这里先后出现了四个生物群：晚渐新世巨犀动物群、中中新世铲齿象动物群、晚中新世三趾马动物群和早更新世真马动物群，分别见证了和

巨犀动物群复原图

政地区因青藏高原隆起后地理环境的改变。

最早的巨犀动物群，生活于3000万年前的晚渐新世时期，那时以拥有高大树木的温暖湿润环境为主，林地间杂有一些开阔地带。在和政地区发现两类巨犀化石，即准噶尔巨犀和巨犀。巨犀是有史以来最大的哺乳动物，一只完全成年的雄性巨犀站起来超过7米，其体重根据估算可达15吨之巨。巨犀超大型的体格不仅可以防止食肉动物的侵扰，吃食的时候巨犀还可以吃到树顶的叶子。

铲齿象复原图

铲齿象动物群生活在距今1300万年前的中中新世。那时和政地区拥有茂密的森林和大量湖泊，这是非常适合铲齿象生活的自然环境。该生物群包含铲齿象、猪齿象、轭齿象、嵌齿象、库班猪、西班牙犀、安琪马和土耳其羊等。铲齿象是一类现已灭绝的古代象，其颊齿为低冠齿，但下颌特化，前端伸长变宽，一对门齿变长板状，恰似一把大铁铲，故名之。它们都生活于比较湿润炎热的环境中。

随着印度板块不断挤压亚洲大陆，青藏高原不断隆起，和政地区出现了高海拔稀树草原的三趾马动物生存环境。三趾马动物群包括 100 多种动物，如原臭鼬、獾、剑齿虎、后猫、鬣狗、四棱齿象、三趾马、大唇犀、无鼻角犀、板齿犀、祖鹿、长颈鹿、和政羊和各种羚羊等。其生存时代为距今约 1200 ~ 500 万年的晚中新世，主要分布于古北区（欧亚大陆和北美）。

到晚更新世，和政地区变成了高山草甸草原的真马生态环境。真马动物群中包含的化石种类包括狐、狼、鼬、鬣狗、剑齿虎、真马、披毛犀等。我国早期真马动物群的化石很丰富，但在黄土中发现的极少。和政地区的早期真马动物群化石恰恰发现于黄土中，而且在种类上和在河湖相地层中发现的同时代的动物群有比较明显的差异，是研究我国第四纪初期的古动物地理和古气候的重要资料。显然，和政生物群的更替充分见证了板块碰撞产生的巨大影响。

真马动物群

三趾马动物群

有袋类动物悲欢的制造者

人们对如今偏安澳大利亚的袋鼠情有独钟，袋鼠蹦蹦跳跳的身姿和育儿袋内小袋鼠憨态可掬的样子十分可爱。但人们有所不知，袋鼠的演化充满神奇，它们是坐着大陆板块漂移，最终落脚澳大利亚的典型案例。

现在，袋鼠只分布在澳大利亚及其周边的一些岛屿，但在演化史上，袋鼠曾经广泛分布于北美和南美以及南极洲，说明这几个大陆曾一度相连。白垩纪晚期，北美洲袋鼠已经具备了丰富的多样性，是拥有4科19属的庞大家族，演化出了不同的食性，有食虫的、吃肉的和杂食的。显然，北美洲曾是袋鼠家族的繁殖乐园。

化石记录和分子生物学研究表明，最早的有袋类动物是发现于北美洲的1.1亿年前的三角齿兽，关于有袋类动物的迁移，科学家一开始认为有袋动物在古近纪从北美洲经亚洲来到澳大利亚。后来认为有袋动物大致是从北美到南美，后经南极大陆抵达澳大利亚。

大约在距今8000万年前，大洋洲开始了脱离南极洲向北漂移的旅程。而在这之前，澳大利亚有袋类的祖先已从北美洲来到了南美洲，又从南美洲大陆出发，途经南极洲抵达了现在澳大利亚的那个板块。随着板块的运动，澳大利亚逐渐远离其他大陆，导致澳大利亚的有袋动物再也没有与其他大陆的有袋动物产生生殖交流，保持着较高的独立性，开始了独特的演化历程。

与此同时，哺乳动物中的一个小分支——真兽类开始崛起。真兽类是指除了有袋类、单孔类以及已经灭绝的始祖兽、蜀兽类、多瘤齿兽类以外的一切带有胎盘类的哺乳动物。由于真兽类生物更加强势，相对其他生物有强大的竞争优势，因此，真兽类逐渐取代了世界各地的有袋类，其他大陆的有袋类动物因此而灭绝。

现在有袋动物绝大多数分布在大洋洲以及南美洲部分地区，还有极少数在东南亚。之所以澳大利亚的有袋类没有灭绝，是因为真兽类无法穿越海洋，再加上该地生态环境以及气候因素都没有发生太大的改变，因此有袋类动物能够在此生存下来。

在数以千万年的独立演化中，环境多样的澳大利亚形成了独特的有袋类生态系统。在这块陆地上，有袋类动物不仅发展出了可媲美其他大陆有胎盘类动物的多样性，很多种类还与其他大陆上的有胎盘类动物一一对应，有着相似的形态、身体结构和功能，在生态链中占据着同样的位置。这叫作趋同演化。比如袋狼对应了犬科动物，蜜袋鼯对应了鼯鼠，而袋鼹科则与非洲的金毛鼹科非常相似。在食性上，既有以袋狼为代表的食肉动物，也有以袋鼠、袋鹿、袋羊为代表的食草动物等。可以说，留在澳大利亚的有袋类动物在澳大利亚演绎着一部与其他大陆上同样精彩的演化史诗。

袋狼

狼

蜜袋鼯

鼯鼠

袋鼹

金毛鼹

趋同演化

人类诞生的奇妙契机

非洲是一块神奇的大陆，人类的祖先就诞生于此。有趣的是，人类的诞生与现代大陆开裂形成的东非大裂谷有着密切的关系。

非洲大陆板块受地质活动的影响而发生张裂，形成了当今世界陆地上最大的断裂带，断裂带两侧的陆地彼此分离，在地表形态上表现为裂谷。这条裂谷位于非洲东部，北端与红海相连接，最北可达死海，往南纵贯埃塞俄比亚高原和东非高原，一直延伸到非洲南部的赞比西河河口附近，全长约5800千米，其长度大约是地球周长的七分之一，从卫星照片上看犹如一道巨大的伤疤。大约3000万年以前，由于板块的张裂，大量岩浆从地下深处涌出，在裂谷附近形成大量火山，其中乞力马扎罗山和肯尼亚山最为著名。

东非大裂谷除了对非洲东部的地貌产生影响之外，还对非洲东部的生态系统，包括人类的进化产生了重要影响。裂谷东西两侧的气候和植被截然不同，西边受到大西洋暖流的影响，湿润多雨，有大片森林；而东边由于东非高原的隆起，形成热带草原气候，进而变得干旱，自然面貌从森林转变为空旷的稀树草原。

古人类学家认为，由于东非大裂谷的存在，人类祖先无法向西横跨它前往刚果盆地的森林中，所以他们被迫困在东非高原的草丛中，不得不进化出直立的方式来观察周围环境，进行围猎生存，在自然环境和气候突变产生的环境压力下，迈开了类人猿向人类发展中有决定意义的一步。

如果没有东非大裂谷，可能至今我们人类还生活在树上呢！东非裂谷的开裂打开了生物进化的辉煌一幕，人类登上了地球历史的舞台。

东非大裂谷

走向未来的板块

分久必合，合久必分，这句话用来概括地球板块运动史也非常恰当。漂移的板块仍将不断编写海陆变迁、沧海桑田、造山运动的大自然剧本，仍将驮着人类走向未知的未来。人类的生产活动也将在一定程度上干扰和影响板块运动。

板块漂移的未来趋势

未来板块运动走向何方？浩瀚的太平洋会变化吗？远隔万里的亚洲和南、北美洲是否有机会相遇，拼合成为一个超级大陆？或许现代超级计算机能够勾勒出这一趋势，或许人类活动也将成为推动力之一。

如今，大陆仍在不断地漂移。印度板块在以每年数厘米的速度向北移动，这就是为什么青藏高原及周边地区构造活动接连不断发生，地震频频。其他板块也在缓慢地相互接近和靠拢。例如，大地测量专家们观测发现，太平洋正在以每年数厘米的速度变窄，这将最终导致美洲板块与欧亚板块相碰撞。大洋洲也正在以每年 7 厘米的速度向亚洲靠拢，并最终并入这块大陆。科学家预测，这一过程将持续至少几千万年，也许是 2 亿年，才可能最终形成新的超级大陆。

东非大裂谷处于非洲板块和印度洋板块交界处，大约 3000 万年以前，由于两个板块张裂拉伸，使得非洲板块与阿拉伯古陆块相分离，形成这个裂谷。据美国宇宙飞船测量，东非大裂谷每年正以几毫米到几十毫米的速度加宽。有科学家预言，如果按这样的速度继续，2 亿年后，它将撕裂成一个新的大洋。

根据美国耶鲁大学和日本海洋地球科学与技术局的研

究人员的计算机模拟结果，约 1.5 亿年后大西洋将停止扩张，并因为大西洋中洋脊进入消减带而开始缩小，南美洲和非洲之间的中洋脊可能会先隐没。印度洋也被认为会因为印度洋海底地壳在中印度洋海沟隐没而缩小。北美大陆和南美大陆将移向东南。非洲南部将越过赤道到达北半球。澳洲大陆将与南极洲相撞并到达南极点。

大约 2 亿年后，北美洲和南美洲会连接在一起，形成一整块“美洲大陆”。而北冰洋和加勒比海将成为这场恢宏演变中最先消失的部分。2.5 亿年后，大西洋和印度洋将消失，北美大陆与非洲大陆相撞，但位置会偏南。南美大陆预期将重叠在非洲南端上，巴塔哥尼亚将和印尼接触，环绕着印度洋的残余部分（称为印度－大西洋）。南极洲将重新到达南极点。太平洋将扩大并占据地球表面的一半。

人类活动或将影响板块漂移

板块漂移这种自然现象或许将受到人类活动的干扰。尽管人类的活动相对于地球的整体来说影响微乎其微，但这些活动确实可能对地球板块运动产生一定的影响。例如，大型水库的建成可能导致该地区出现地震，这是因为水库的蓄水改变了地下的压力分布，进而影响到板块的运动；大型机械设备的运作，如列车的运行等在长期累积下也可能对板块运动产生一定的影响；人类建设大量水电站，改变河道，影响陆源物质对海洋的输送量；人类填海造陆，改变了海岸线；人类的工业活动导致温室效应，影响海平面，使气候异常等等。尽管对于人类来说，这种影响在短期内可能不明显，似乎难以直接观察到，但随着时间的推移，它们的累积效应可能会变得非常可观。如果将时间尺度拉长到几十万年甚至上亿年，人类活动的累积效应都将不可避免地使板块漂移增添更多的不确定性。

未来的人类应更加关注人类活动对地球板块运动的长期累积效应，以及如何通过科学的方法来监测和评估这种影响，从而更好地理解和保护我们的地球。

当然，毫无疑义的是，在地球板块演变的过程中，生物界仍将上演繁荣与灭绝的交响曲，地球环境也会发生显著的变化。人类在认知地球板块构造运动的真谛时，显然更应该思考自己，变得谦卑。懂得人类的演化离不开自然的规律，要与自然和谐发展，保护生物多样性。唯有如此，人类才能在地球演化的潮流中创造和延续新的辉煌。

后记

20世纪60年代，人类发现了板块构造运动，是一件石破天惊的大事！我们认识到脚下的大地并非铁板一块，而是每时每刻都在移动着。自从有了板块运动，我们的地球就充满了活力，使地球表面发生了翻天覆地的变化，并且一直持续着。

板块既是周而复始的运动载体，又连接着地球表面与地球内部。板块促进生物进化，推动生物多样性发展。科学家自20世纪60年代提出板块构造运动起，就一直没有停止对其的深入研究。随着研究手段的进步，大量新学说、新理论不断涌现，补充或挑战着现有的大地构造理论。尤其近20多年来，人类对地球的观测技术和调查水平迅速提高，积累了大量调查资料。卫星观测、数据库等现代观测和研究手段，极大地推动了大数据时代地球科学理论的发展。

随着对板块运动研究的日益深入，我们将进一步认知板块运动的机制和作用，推动板块运动与生物进化关系的研究，这会更好地促进人类对自身的发展和与自然协同发展的认识。希望青少年朋友们通过阅读本书，不仅对地球板块运动产生好奇、对地球家园演变的精妙独特感到有趣，更能产生探究的冲动和求知的欲望，树立为国走上科学研究之路的理想。

冯伟民